别让孩子困在青春期

亲子关系心理咨询实录

青莲 ◎ 著

中国纺织出版社

国家一级出版社
全国百佳图书出版单位

内 容 提 要

青春期的孩子大多敏感和叛逆，现在一提起青春期，很多父母都头疼不已，有的父母已经没有办法跟青春期的孩子沟通，更别提能走进孩子的心里。殊不知，造成孩子青春期敏感和叛逆的原因，与父母的教育方式及家庭环境不无关系。那么，面对已经处于青春期困境的孩子，父母们应该怎么面对？

本书内容源自于心理咨询师的真实案例，有当事人的心路历程，有心理咨询师的解疑释惑，有咨访双方的心灵陪伴成长过程，有走出家庭教育误区、重新把幸福握在手中的明媚人生。作者通过28个青春期孩子心理咨询案例，向家长朋友们展现了目前中国青春期孩子困惑的现状，分析了青春期孩子困惑的原因，从心理学的角度为家长朋友提供了改善亲子关系的建议。

图书在版编目（CIP）数据

别让孩子困在青春期：亲子关系心理咨询实录／青莲著.—北京：中国纺织出版社，2018.12
　　ISBN 978-7-5180-5424-4

Ⅰ.①别…　Ⅱ.①青…　Ⅲ.①青春期—青少年心理学　Ⅳ.①B844.2

中国版本图书馆CIP数据核字（2018）第221346号

责任编辑：江　飞　　责任印制：储志伟

中国纺织出版社出版发行
地址：北京市朝阳区百子湾东里A407号楼　邮政编码：100124
销售电话：010—67004422　传真：010—87155801
http：//www.c-textilep.com
E-mail：faxing@c-textilep.com
中国纺织出版社天猫旗舰店
官方微博http://weibo.com/2119887771
天津千鹤文化传播有限公司印刷　各地新华书店经销
2018年12月第1版第1次印刷
开本：710×1000　1/16　印张：14
字数：168千字　定价：45.00元

燃起盏盏心灯　守望万家幸福

　　初识青莲，是在我的心理咨询师技能培训课堂上，她给我的第一印象是温婉而知性。后来她成为我带领的河南心理咨询师实战精英班的学员，研修学习中她始终带着对心理学的敬畏和深刻的思考，尤其是对科学规范的心理咨询孜孜追求的态度，给我留下了深刻印象。

　　我曾经给学生们分享过开展心理技能培训的目标和愿景："燃起盏盏心灯，守望万家幸福，让更多的人因接触心理学而幸福！"青莲既是心理学的实践者，又是"点燃心灯"理念的虔诚传播者。

　　中国现在不缺乏熟练的心理咨询师，却缺乏真正踏实做事、拥有规范科学的咨询技术、用生命来陪伴来访者的优秀咨询师。我在培训过程中不断鼓励学员们突破自身的思维局限，把知识技能运用于实践的同时，突出自己的优势和特色。青莲既勤奋务实，又具有开拓精神，能够正确把握当前我国心理咨询师行业面临的形势，清晰地知道自己的目标定位，因此很快实现了从理论到应用的转型。

　　青莲也是一位优秀的青年作家。近年来，她师从龚钵博士学习易术[①]心理剧，并结合自己的成长经历、知识积淀、生活阅历和专业优势进行了有选择的整合，找到了适合自己的心理咨询技术，并深钻细研，正在形成自

_____

[①] 易术：指在多变的社会中生存的一种艺术。其核心主张是帮助人们能持续地在身体和心灵等方面与社会环境保持平衡与和谐。

己独特的心理咨询风格。

心理咨询并非一般的助人行为，而是一种基于来访者自愿求助、由心理咨询师提供的专业化助人行为。心理咨询师不仅要有助人的热情，更要有深厚的理论功底、扎实的技术实践、良好的心态和完善的人格。青莲把心理咨询当作人生修炼的历程，阅读了大量的心理书籍，学习了多种心理咨询技术。在精英班的研修中，她熟练驾驭了各种心理咨询实战技术，从咨询关系的建立到行为疗法和认知疗法的实际运用，从催眠技术、完型治疗到潜意识图像卡技术和沙盘治疗技术的应用，从心理测量到焦点解决短期心理治疗，从EAP实战技术到团体咨询技术等。青莲在每个课程研修环节都刻苦练习，精益求精。在心理咨询的实践中，能够把掌握的知识技能融会贯通，并运用在个案咨询和团体心理辅导中。难能可贵的是，青莲发挥了她作为一名作家的优势，勤于对案例进行详细的记录和思考，业余时间写下许多对咨询案例的体验和反思。

《别让孩子困在青春期：亲子关系心理咨询实录》是青莲近几年心理咨询个案实践的结晶。之所以把本书推荐给广大的读者，因其具有三个鲜明的特点：

一是通俗易懂接地气。本书中精选的28个案例皆源自青莲平时的咨询实践，是她用生命温暖陪伴另一个生命之后的心灵感悟和心血凝炼。每个案例都具有鲜活的生命活力和浓厚的生活气息，文中情节犹如一幕幕生活剧，能够让读者一目了然地看到个案心理问题发生、发展的脉络和解决途径。

二是文如清溪润心田。书中的每一个案例，既有对症状的细致描述，又有对心理因素的精准剖析，还有因人施策的心理疗愈的历程。案例后面的"咨询手记"以清新自然的文笔，叙述作者倾心陪伴来访者的心路历程，表达了作者对每个咨询案例的深度思考，闪耀着其智慧的思想火花，彰显着其专业素养和理论功底。青莲平素喜写散文，文笔清冽、雅致、自

然，因此本书虽是心理咨询的案例集，读之却无艰涩枯燥之感。青莲文如其人，文字犹如涓涓细流浸润心田，其温婉细腻的咨询风格亦如初绽的莲花，散发出淡淡的馨香。

三是启迪心智惠万家。目前中国的心理学尚处于起步阶段，做心理知识的普及工作，是每位有社会责任感的心理咨询师的职业良心。青莲能够在繁忙的工作之余，把这些咨询案例整理成集，让更多的人因接触心理学而改变，正是秉承了其内心坚守的"燃起盏盏心灯、守望万家幸福"理念。本书的每个文字都渗透着作者的心血和汗水，融入作者对来访者理解共情之后的悲悯情怀，表达了作者希望家长们"自醒、自修、自救"的强烈呼唤。我相信，本书能够让人读之受益、读之深思、读之开智，读之而欣然改变、成长自我。

从青莲的成长中，我感受到了规范科学的心理咨询师精英团队发展壮大的希望，看到了咨询师队伍"百花齐放、万紫千红"的可喜前景。我愿意与弟子们并肩携手，朝着"燃起盏盏心灯、守望万家幸福"的梦想和远方，快乐前行。．

是为序。

葛操

2017年11月8日

葛操：心理学博士、郑州大学心理学系主任、教授、硕士生导师；河南省省级重点学科心理学第一学术带头人，国务院侨办"走出去"国外师资讲学团专家；心理咨询高级培训师、国际催眠治疗师、完形治疗师；中国心理学会心理普及委员会委员，河南省心理学会常务理事；河南省心理测量分会会长。

陪孩子走过伤痛青春

世界上没有完美的父母，也没有一百分的孩子。父母陪伴孩子成长的过程，是生命互相影响的过程。父母的人格能够内化成孩子人格的一部分，孩子成长的过程也是家长的生命不断完善的过程。孩子出现问题是对家长教育失误的提醒，只有当家长学会改变，才能促进孩子健康成长。

1 谁的青春不迷惘

导语：青春期是少年时代的结束，青年时代的开始，是人生的重要过渡期。青少年的身体快速发育，荷尔蒙分泌旺盛，性意识迅速觉醒，自我意识强烈，心理产生突变，一系列心理问题也相继产生：迷茫、焦虑、抑郁、自卑、自闭、叛逆……同时这些问题也会导致亲子关系和人际关系紧张。青春不再只是阳光灿烂，也充满风雨和暗伤，学习和生活处处受到影响。为什么会产生这些问题？该怎样度过伤痛青春？下面让我们一起来寻找答案吧。

青春期孩子问题袭来

父母A：儿子原来是个阳光帅气的小伙儿，自从上了高一后动不动就发火。问他原因他也默不作声，回到家就把自己关在屋子里。他还抱怨说上学没意思，活着太累，每天都没精打采。孩子是不是得了抑郁症，我该怎么办啊？

父母B：女儿原来乖巧懂事，可高二以后结交上了坏朋友，开始沉迷网络，学习成绩下滑，厌学逆反，逃课抽烟，把自己打扮得很妖艳，还跟男生一起疯跑不回家。打电话不接，发信息不回，回到家也不说话……我和老公快被她气死了，我女儿还有救吗？

父母C：我女儿好像得了强迫症。穿衣、洗手、吃饭、走路都要遵循特殊的顺序，晚上做作业总是重复检查十几遍，每天晚上写作业都到凌晨，不检查好就没办法放心睡觉。现在她的强迫行为越来越严重，已经影响正常的生活和学习了。

父母D：我家孩子近来行为怪异，总是疑神疑鬼，总感觉别人与他过不去、班上同学说他的坏话，同学关系极其糟糕。老师建议我带他看心理医生。我的孩子到底是怎么了？这些问题能解决吗？

父母E：我儿子好像谈恋爱了，每天早上起来第一件事是洗头，站在镜子面前左照右看，换衣服就要半小时。做作业也心不在焉，说他两句，他就顶撞我。对亲情也越来越淡漠，有时候十多天不和我说话。他为什么会这样？是青春期荷尔蒙激素不平衡引起的吗？

......

做心理咨询这些年，我经常接到类似的案例。据调查，初中生心理不健康的约为15%，高中生约为19%，而且这个数据还在逐年递增。近几年，学生因为学习压力、不被父母理解、对人生感到无望等原因结束自己生命的案例也时有报道。青春期还特别容易发生激情犯罪，中国青少年犯罪研究会的统计资料显示，青少年犯罪总数占全国刑事犯罪总数的70%以上，其中14~18岁的未成年人犯罪占青少年犯罪总数的70%以上。

种种事例和数据都表明，青少年的心理问题日趋严重。

青春期是人生的重要时期，学业到了关键时刻，人生的第一个转折点来临。如果青春期孩子的心理问题得不到有效解决，势必影响其生活和学习，甚至给其人生造成严重影响。所以，青少年的心理健康问题必须引起学生、家长及社会的共同关注。

根据这些年做心理咨询接触到的大量案例，我认为青少年心理问题主要集中在以下几方面：

学习压力：学习成绩下降，总是达不到自己理想的学习目标。

人际关系困扰：与父母、老师、同学之间产生各种矛盾冲突，产生被孤立感、被忽视感和无价值感。

情感困惑：主要是由异性引发的情感纠缠，如陷入暗恋或者被异性喜欢，但不知道如何应对等，以致严重影响情绪状态和正常的学习生活。

适应问题：主要是由转学、升级、分班等环境改变而引起的环境、人际、心理不适应问题。

迷恋网络：迷恋网络游戏或者被手机控制，无力自拔，对自己失望，内心冲突剧烈，被自责、内疚、痛苦等负面情绪裹挟。

效能降低：表现在学习时心浮气躁，注意力不集中，总是胡思乱想，学习效率降低，造成成绩下降，并陷入恶性循环。

神经症性心理障碍：主要表现为强迫症、焦虑症、抑郁症的初期症状。如不断咬指甲；看到别人比自己用功就焦虑不安；感觉学习和生活没有意义，出现厌学、厌世、情绪低落、封闭孤独等心理状态。

面对以上种种问题，很多孩子和父母都忧虑不安，不知该如何应对。

青春期孩子因何迷惘

青少年的心理问题是什么原因造成的？难道仅仅是因为荷尔蒙分泌旺盛，都是激素惹的祸吗？

青春期是人生中的第二加速期，身体快速发育，荷尔蒙分泌旺盛，性意识迅速觉醒，大脑和神经系统功能日趋完善，这些让青春期的孩子感觉自己长大了。但是又不算真正"成人"，还处于从儿童期的幼稚性和对父母师长的依赖性逐渐向成熟期的独立性和自觉性过渡的阶段。

青春期孩子的身心经历着急剧变化，在情绪、态度、行为、人际关系、自我评价以及价值观和社会责任感等方面，表现出许多矛盾倾向。家长们感觉孩子性格变化很大，为此焦虑不安，孩子们也感到困惑和迷茫。家长和孩子都不了解青少年的心理特点，导致彼此之间不理解而冲突不断，均受到不同程度的心理伤害。

结合多年的亲子咨询案例，我对青少年的主要心理特点和产生原因进

行了梳理。

我的青春我做主——"逆反心理"使其和父母冲突不断。青春期是人生的第二个逆反期，青少年人格独立、地位平等和精神行为自主的愿望凸显，独立意识和自我意识增强，迫切希望摆脱家长的控制，反对成人把自己当"小孩"，要求以成人自居。为了表现自己的"成人感"，他们对事物倾向于持批判态度。他们担心外界无视自己的存在，所以用各种方法和手段来确立"自我"与外界对立的情感，极易和外界产生冲突。其实他们是在争取自主权，是在向世界宣告：**我长大了，我的事情我做主！**

自我评价忽高忽低——"矛盾心理"使其心情动荡不安。生理上的快速成熟使他们产生"成人感"，心理发展的相对缓慢使他们仍处于"半成熟"状态，这是青春期种种矛盾心理的根本原因，表现为心理断乳和精神独立之间的矛盾、心理闭锁性和开放性之间的矛盾、成就感与挫折感之间的矛盾。由此，青春期的孩子情绪波动很大，时而兴高采烈，时而悲伤孤独；时而激情满怀，时而委靡消沉；时而信心百倍，时而自卑失落。

我一定不能比你差——"攀比心理"导致自我迷失。青少年时期，与同龄人的攀比心理急速上升：一种是积极的竞争心理，努力让自己变得更加优秀；另一种是消极的攀比心理，比吃穿、比阔气。他们注重别人对自己的看法，为了显示自己的强大，把攀比极端化，最终导致自我迷失，让自己的人生脱离正常轨道。青少年犯罪案件中，很多都是因物质攀比引发的心理不平衡所致。

看不得别人比我好——"嫉妒心理"让其焦虑不安。攀比有很多后遗症，开始是由攀比到失望的压力感，之后是由羞愧到屈辱的心理挫折感，最后变成由不服、不满到怨恨、憎恨的发泄行为。青少年容易对比自己强或幸运的人怀有一种冷漠、贬低、排斥、甚至是敌视的心理状态。强烈的嫉妒会引发焦虑、心神不安等症状，甚至泛化到其他同学，看到别人学习就焦虑不安，总想发火或者找人打架。

　　我想和你们在一起——"群体心理"让其惧怕被同龄人排斥。同龄人的伙伴关系是青少年非常重要的社会关系，在群体中他们更有安全感，信任伙伴胜过信任父母和老师。同伴之间的言行、爱好、打扮互相影响，他们互相倾吐自己内心的秘密和苦恼，从同伴那里得到同情、理解和温暖，而这些情感从父母那里却难以得到。如果被伙伴孤立或排斥，他们就会感觉受到了严重的心理伤害。

　　青少年开始讲义气，对父母和老师的劝告持怀疑态度。此时，如果他们能够交到好的伙伴，便会走上良性发展轨道；如果结交了不好的伙伴，就会去干一些冒险的事情，甚至会误入歧途。

　　综上所述，青少年的所有心理问题都是由这个时期的生理和心理发展特点决定的，是这个时期独有的现象，是必经的成长过程，父母和孩子必须对其有所了解，才能对症下药解决问题。

勇敢走过生命雨季

　　每一棵树的身上都有岁月的年轮和沧桑印痕，每一朵花的绽放都要经历风雨雷电的洗礼，每一个生命在成长中都会经历挫折和伤害。有些伤害和痛苦是生命成长中必经的历练，无痛苦不升华，无升华不成长！

　　青春期的孩子如何才能顺利走过生命的雨季呢？除了父母和老师给予辅导、照顾之外，还需自己为自己负责，真正履行青春宣言"我的青春我做主"。具体来讲，需要走过四个台阶：

　　第一阶，原谅父母的过错。都说"孩子是父母的镜子，孩子的问题来源于有问题的家长"，但并不是说孩子的问题全由父母负责。因为一些父母也没有受过良好的家庭教育，他们也处于"无明"状态，他们的错误和局限也是由原生家庭造成的，他们也是无辜的。孩子要学会接纳和原谅

自己的父母，才能与父母和谐相处。如果一直不原谅，甚至嫌弃、怨恨父母，自己的能量就消耗在与父母对抗的痛苦中，成长的力量就会被削弱。

第二阶，接受自己的命运。没有人能选择自己的父母、家庭、出身甚至遭遇，比如被送人寄养、父母离婚、被打骂等，这都不是你的错。但你必须接纳它，然后才能内心平静。和原谅父母的过错一样，接受自己的命运，才能让自己的内心能量不消耗在负面情绪中，才能感受到爱和温暖。

第三阶，不介入父母的纠纷。孩子无需承担父母的痛苦，如果父母在自己的原生家庭受过心灵创伤，或因家庭矛盾战火不断，孩子不必卷入其中。孩子要保持距离看待这一切，不要过度参与父母之间的情感纠葛，不必充当父母的"调解员"或"灭火器"，孩子要回到自己的位置上，不需要为父母承担属于他们自己的生命课题。对于"巨婴"父母和过于"柔弱"的父母，孩子也不必表现得过于强大。

第四阶，对自己的行为负责。既然自己的事情自己做主，那么自己的行为也需自己负责。不能一边向父母索要权利，一边又让父母为自己负责。做好自己该做的事，为自己的行为负责，才是真正的成长。有这样的认知，才会有意识地控制自己的情绪和言行，避免做错误的事情。

成长，就是在争取自己的自由时，也学会尊重别人的自由；成长，就是做一个勇于承担责任和信守承诺的人；成长，就是做一个能够关爱别人、关心社会的人；成长，就是做一个有清醒的自我意识、能够三思而行的人；成长，就是做一个能够自我接纳、自我调节、自我完善的人。

谁的青春不迷茫？谁的人生不伤痛？我们生命中的痛苦不是为了经历，而是为了成长。走过伤痛青春，踏过生命的暗礁，才能见到雨后的彩虹！

咨询手记：一些青春期的孩子在经历着身心急剧变化时，很少能够得到父母的理解。有的中国父母常用抱怨、指责、说教、比较、甚至打骂等不正确的教育方式，给处于迷茫中的青少年带来较多烦恼，让原来阳光

绚烂的青春期经历风雨洗礼。如果这些成长中的伤痛得不到及时疏导和解决，就会让孩子产生各种心理问题，影响孩子的健康成长。

多年的青少年心理咨询实践，让我深切体会到青春期孩子的痛苦。他们一方面想摆脱父母的控制，另一方面又无法独自应对这个复杂的世界。他们既对父母的意见不信服，又不知该如何解决冲突，难以应对心中的迷茫和痛苦。

要解决这个看似无解的问题，父母和孩子都要做出很多努力。父母要学习爱孩子和教育孩子的道与术，从"自然型父母"转变成"智慧型家长"；孩子也要了解自己、觉察自己，接受自己还未真正成人这个现实。对不属于自己的问题保持边界，不要过于纠结，多和父母沟通，欣然接受父母的帮助。只有这样，才能安然走过青春期。

② 做"明道优术"的智慧型家长

导语：自古至今，中国人都非常重视教育。古语云："至乐无如读书，至要莫若教子。"现代的流行语是："夫妻事业成功的总和，都抵不过教育孩子的失败""教育子女的失败是人生最彻底的破产"。因此，很多家长为教育孩子可谓不惜代价。然而，家庭教育的核心和实质是什么?孩子出问题的根源在哪里?如何让家长在最短时间把握家庭教育的规律、理念及方法? 如何让家长从"自然型父母"转变成"智慧型家长"? 本篇帮助家长们厘清家庭教育的根源性、实质性和关键性问题，引导家长遵循家庭教育之道、掌握家庭教育之术，避免走更多弯路。

中国家长教育现状及家教误区

随着心理学在中国的普及，越来越多的人发现教育的根基在于家长教育，孩子的人格形成和行为习惯的培养主要受家庭环境的影响。

如果把对孩子的教育比作一棵树的话，树根是家长教育，树干是家庭教育，树枝就是学校教育，树叶是社会教育，果实就是孩子的人生成果。孩子的人格发展和人生成就，主要取决于树根。只有做好家长教育，才能够给孩子提供良好的成长环境。

中国每天都有成千上万人成为父母，其职责是把婴儿培养成社会化的人。父母不等于家长，父母是个生理概念，家长是社会学概念。要想使自然型父母转化成智慧型家长，需要经过系统的学习和训练。因此，做家长也需要"上岗证"。

我国的家长教育尚处于没有主管部门、没有系统教材、没有规范化

培训机构的"三无"状态。遇到家庭教育问题的家长都非常焦虑，想去求助，却发现社会没有给家长提供家庭教育的服务体系，使家长处于无知、无法、无奈的"三无"状态。

从宏观上讲，家长教育的缺失，导致了家长不成熟和家庭教育方法不当，进而引发孩子产生各种心理和行为问题。现在家庭教育出现的问题主要表现在两个方面：

一是在"道"的层面：家长违背教育规律、教育理念和教育原则。有的家长一味拔苗助长，有的家长功利化思想严重，有的家长固守不合时宜的教育观念等，都会引发孩子出现问题。

二是在"术"的层面：家长总喜欢自以为是地替孩子做决定或选择，代替孩子思维或体验，否定孩子的感受，不愿静心倾听孩子的表达，持续唠叨或说教等，这些错误的教育方式方法不仅对孩子造成伤害，甚至会成为孩子的成长障碍。

家庭教育是潜移默化的传承和熏陶过程。通过家长的言传身教，让孩子在人性层面，修身养性，积善厚德；在人格层面，内化父母的行为模式和理想信念；在人伦层面，遵循人与人之间的道德关系，培养建立良好人际关系的能力。

要想让孩子受到良好的家庭教育，在中国还没有把家长教育系统化、规范化的当下，家长们必须要做到"三自"：**自醒，**要清醒地认识到"孩子的问题本质上是家长的问题"，只有家长好好学习，孩子才能天天向上；**自修，**要明确"会爱才是真爱，不会爱是虐待，真爱需要学习"的理念，促进自我觉察；**自救，**家庭教育不可逆，孩子在成长过程中都有关键期，就像庄稼一样，错过了时令就无法补救了。因此，家长们需要提前学习，了解孩子身心成长的规律，懂得做智慧家长的"道"与"术"。

中国家长如何做到"明道优术"

部分觉醒后的中国家长们特别重视对孩子的教育，不仅给孩子报各种特长班，家长也到处参加各种家庭教育课程。

现在是信息爆炸的时代，家庭教育微信分享俯拾即是，教育专家随处可见，培训信息满天飞。很多家长到处参加培训，到这里听报告，到那里听讲座。结果是听起来激动，想起来冲动，回到家一动不动。究其原因，是家长没法把别人的教育理论和方法直接运用于自己的孩子。其实，教育孩子如同用中药调理病痛，须是一人一方，不能完全照搬。

在做心理咨询的过程中，我接触到了大量焦虑的家长。为了帮助更多的家长走出困境，我在学习借鉴诸多家庭教育理论、消化众多教育专家精华课程的基础上，厘清家庭教育的根源性、实质性和关键性问题，形成了一套易学好用、行之有效的系列课程。在这套主题为《智慧家长的道与术》系列课程中，我分析了家长在"道"与"术"的层面所犯的错误，引导家长们认识到：要想让孩子受到良好的家庭教育，必须"明道优术"。

"明道"就是掌握家庭教育的规律，遵循正确的教育理念和原则，真正让家庭教育发挥正向作用；"优术"，就是不断探索和积累家庭教育的策略，积淀和掌握适合于自己孩子的正确教育方法。"明道"和"优术"犹如家庭教育之双翼。通过明道，掌握家庭教育的方向和规律，教孩子学做人；通过优术，优化家庭教育的方法和技术，教孩子学做事。然而有的家庭教育重术轻道，甚至有术而无道，这样本末倒置的做法很危险。因此，家长们要首先"走在道上"。

"明道"之本是从自然型父母转变成做智慧型家长，这是成功教育孩子的唯一途径。当孩子出现问题，中国家长常用的方法是：批评指责、讲道理、提要求，但是这些方法越用越没有效果。智慧型家长的做法是：闭上嘴，静心倾听孩子的心声和烦恼，耐心地陪伴孩子并与之共情；接下来是帮助孩子找原因，和孩子共同面对问题，寻找解决办法。当明确哪些是孩子应该做的、哪些是家长自己应该做的之后，就要迈开腿，去行动，做到知行合一。

教育孩子是一项伟大而艰巨的"育人工程"，因此要有目的、目标和方法，这是教育孩子的三个根本性问题。我们到底为什么要花费心血教育孩子？我们要把孩子培养成什么样的人？这些问题有多少家长认真思考过？如果在这些问题上糊涂，就会犯方向性的错误。为什么会有那么多孩子因考分不理想、得不到父母或老师的肯定而厌学、逆反、抑郁甚至自杀？这都是因为父母太注重面子、太看重世俗评价，把孩子的成绩看得比身心健康还重要。说白了，就是父母的人格不够健全、内心不够强大，不能承受孩子失败的后果，而把这种焦虑和压力转嫁给了孩子。

学会真爱是智慧家长的必修课

家庭教育的实质是教会孩子感受爱的能力和回应爱的智慧。每个人都置身于爱的长河里，而父母之爱是起点。父母如何理解爱、表达爱、传承爱，对孩子的影响至关重要。因此智慧型父母的必修课之一就是要识别真爱与假爱。

我曾经参加过一个社会调研，发现农村的孩子普遍存在爱的缺失，而城市的孩子却普遍存在爱的过度，甚至是被溺爱。其实溺爱是一种假爱，不论是包办型的溺爱或者是纵容型的溺爱，其真相都是父母对"内在小孩"的宠爱。父母把"内在的小孩"投射到现实中的孩子身上，无节制地给予孩子，其实是在无节制地满足自己。

真爱是以孩子的成长需要为核心，尊重孩子的独立性，懂得在孩子不同成长阶段满足其不同的成长需要，懂得放手，接受并乐于看到孩子的自

我独立和自我成长。真爱在孩子不同的发展阶段给其不同方式的爱，0~2岁期间，给予孩子无条件的爱；2~4岁期间，尊重孩子的自主探索，但又在孩子需要帮助时出现在其面前……这种以孩子的成长需要为中心的真爱，会让孩子成为自爱、爱别人、有鲜明的自我意识、健康的自主人格和高度创造力的人。

溺爱，看似是自我牺牲的爱，其实是一种懒惰的、不负责任的爱。溺爱的父母是在满足自己需要，却披着"一切为了孩子"的外衣，而变得仿佛不可指责。0~2岁期间，父母以孩子为中心，孩子长大后仍然一成不变地以这种方式去爱他，就会导致毁灭性的结果：要么缺乏自我，要么自我无限膨胀。总之，溺爱是假爱，会影响孩子的人格完善和心理健康。

人的成长过程就是成为自己的过程，爱是这一过程中最重要的因素。家长给孩子提供什么样的爱，孩子就以适应这种爱的方式成长。很多父母选择了偷懒的溺爱，智慧家长才会选择真爱。真爱需要学习，是智慧家长的必修课。

父母做到对孩子真爱的前提是承认：孩子是一个独立的人，不是"我"的附属品。落实到教育实践上，就是父母要牢记并遵守"平等尊重"的原则，这是家庭教育的最基本原则。

我曾经用过心理剧的方式让家长们表演教育孩子的方式，发现大多数家长根本没有尊重过孩子！尽管嘴上说是平等、尊重，尽管形式上会蹲下来和孩子说话，有的家长甚至把"喋喋不休地讲道理"视为平等和尊重。实践证明，家长能够遵循"平等尊重"原则，就容易建立和谐的亲子关系，违背此原则孩子就会出问题。

当父母们"明道"之后，"优术"就是自然而然发生。从古至今教育孩子的好方法不计其数，但是再好的方法也要因人因时因事应用，智慧型的家长总能找到一种适合自己孩子的方法。最重要的是家长们要根据孩子的成长规律采取适当的教育方法，拔苗助长或者木已成舟再去教育都是不

行的。"幼儿养性、童蒙养正、少年养志、中年养德、老年养命"，中国本土化教育理论用短短二十个字就描述了人一生的教育关键期，并且与西方发展心理学非常契合。

家长们务必把握好教育孩子的关键期，切勿错过时机。人生有两大悲哀：子欲养而亲不待；父欲教育而木成舟。因此，家长们都需要学习发展心理学这门课，了解孩子成长的关键期，能够避免许多教育孩子的遗憾发生。

祝愿家长们及早走上自醒、自修、自救之路，做一个"明道优术"的智慧型家长！

咨询手记：中国家庭教育急需补上"家长教育"这一课，因为孩子的问题绝大部分来自于家长。只有家长成长了，孩子才能够改变。其实，家长在教育孩子的同时，孩子也在教育家长。孩子是父母生命的延续，孩子成长的过程也是家长的生命不断完善的过程。每个孩子都是天使，孩子出现问题，是家长自我改变的契机，也是孩子拯救家长的方式。期待"家长好好学习、孩子天天向上"成为一种社会常态。

PART2

父母的忽视让青春期孩子备感失落

　　父母对孩子的伤害常常是不自觉、不自知的。对于那些内心敏感的孩子，父母的忽略可能会成为心里的一种隐痛。当他们长大了，看似强大的外表背后总是隐藏一个小小的、被忽略、被冷落的自我，渴望关注和被爱的内心空洞永远都在。父母的爱和关注对孩子弥足珍贵，它是万金难买又人人皆有的良药，能够疗愈心灵的伤痛。

① "两面父母"容易制造分裂孩子

导语：忽视、打骂、不欣赏会使孩子失去自我认同感，形成"习惯性自卑"心理，这使夏心怡形成了"假性抑郁"。夏心怡的父母竭尽全力为她创造好的学习和物质条件，在这方面，他们是"好父母"；但他们不懂得关注夏心怡的喜、怒、哀、乐，对她的内心呼唤缺乏回应，动不动就打骂她，在这方面，他们又是"坏父母"。"两面父母"把夏心怡的内心置于冰火两重天的境地：她对爸妈既有不满和怨恨，又有愧疚、感激和爱，这些复杂的情绪压抑在心里，让夏心怡的青春期过得无比灰暗和沉重。

"爱笑"女孩得了"抑郁症"

初春的一个周末，一位家长给我打电话，非常焦急地说："我女儿非要闹着给她找心理咨询师，说心里憋闷得难受，活着没意思，不想再去上学了，原来的那个活泼开朗的女儿忽然间变得非常爱哭、忧郁和不自信了……"听了这位母亲冗长的叙述，我同意给她女儿做一次面询。

下午3点，那位打电话的女士带着女儿如约而至。女孩圆圆的脸庞，长着齐耳的短发，打扮得干净利落。一见面就非常礼貌地向我问好，而且未语先笑，露出两个小酒窝和洁白的牙齿。我们相视一笑，便感到彼此投缘。我征求女孩的意见，她愿意让妈妈先离开，和我单独聊聊。

我们的谈话在轻松愉快的氛围中进行。或许是女孩求助心切，或许是我们的匹配度较高，她一开始就非常信任地向我敞开了心扉。

她叫夏心怡，今年17岁，是一所重点高中的高二学生。从初三开始，父母就托关系把她送到离家五十多公里的重点中学。当时她才14岁，忽然

间来到一个陌生的环境里，举目无亲，感觉眼前一片茫然。她很想家，却不敢对爸妈说，因为她怕爸妈不高兴，更怕爸妈瞧不起她，说她没出息。她在学校度日如年，吃不好睡不好，整天没精打采的。上课经常走神，下课做作业的速度也很慢。然而，她所在的班是宏志班，都是优中选优的学生。在这样强手如林的班级里，她的学习成绩自然不会靠前。第一次摸底考试，她就排到了班上倒数第七名。不论她如何努力，成绩就是上不去，这让她感到自惭形秽，慢慢丧失了学习信心。

更让她烦恼的是人际关系问题。尤其是上高二以来，她感觉与宿舍的其他五位同学越来越难以相处了。她看到别的室友之间都亲亲热热地嬉闹交谈，而自己却像一只孤雁，没有人关注，没有人理睬，只能独自黯然伤神。她觉得自己事事不如别人，因此就想办法去讨好室友，为她们打饭、洗衣服、打扫卫生、买零食……可是室友们似乎根本不以为然，并没有人看到她的好。相反，如果哪天她没有打扫宿舍的卫生，还会有人指责她。她感到自己被孤立了，很委屈，却不敢表达真实的情感和内心的需求，内心苦闷，经常躲在被窝里偷偷哭泣。想到开学又要面对这一切，她便充满恐惧，失眠焦虑，郁郁寡欢。然而，她不敢对父母倾诉内心的苦衷，只说不愿再去上学了。

童年创伤让她给自己"差评"

经过耐心倾听和细致观察，我感觉夏心怡存在严重的自卑、自责、自愧心理，自我评价很低，内心焦虑不安。每次她说到伤心处时非常想哭，却又强装出一副笑脸来，这种欲哭又笑的表情让我深切感受到她内心强烈的冲突和纠结复杂的情绪。我由此判断，她现在表现出的适应性差、学习成绩上不去、人际关系不良等问题，都只是表象，真正的根源在于她存在错误的自我认知，是一种自卑心理在作怪。

我让夏心怡说出自己的五个优点，她却一个也说不出来。相反，她一个劲地说自己情商低，不会与人打交道；她说自己很笨，无论怎么努力学习，成绩还是倒数；她说自己长得不好看，没有人喜欢她，也没有人看得起她。其实，她是一个非常美丽可爱的女孩，敏感细腻，知情达理，语言表达能力也很强。她之所以有如此低的自我评价，可能是家庭教育出了问题，或许是小时候受到严苛的教育，不被父母欣赏，缺乏鼓励和赞美，因此发展成为一个自卑的人。

我们的话题自然过渡到夏心怡的成长经历上来。她说，她的母亲只有初中文化，是个全职家庭主妇；父亲中专文化，经营着一家小超市，经济收入可观，因此，她家的物质条件比较富足。6岁之前，她一直很快乐，无忧无虑。从小学开始，她的噩梦就来了。不是因为考试成绩不好挨打挨骂，就是因为和小朋友一起玩时间长了受惩罚。妈妈的打骂是家常便饭，爸爸有时也打她。

她清楚地记得，在8岁那年秋天，一天下午放学，因为在学校打扫卫生回家晚了，而且在上书法课时碰倒了墨水瓶，把自己的白色上衣弄脏了，回家之后，她被妈妈当街打骂。妈妈用非常狠毒的话骂她，不让她回家。从那时起，她就认为自己是个令人讨厌的人，妈妈不喜欢她。她几次想离家出走，但都不忍让爸妈伤心而强忍悲痛。在她心目中，爸妈挣钱很辛苦，满足她所有的物质需要，只是爸妈不理解她，更不知道怎么爱她。所以她极力在父母面前证明自己，尽可能做到乖巧懂事，而且从来不在父母面前流泪。

当夏心怡讲到自己在8岁时被妈妈当街打骂、不让她回家的情景时，我看到她的眼泪快要掉下来了，但是她极力地压抑着自己，表现一副故作轻松、毫不在乎的表情和语气。我对她说："我感觉到你很伤心，如果你感觉难过就痛快地哭吧，我陪着你！"我这样轻声地对她"催眠"，她的眼泪终于不可抑制地奔涌出来。她急忙用手捂着脸，耸着肩，不停地抽泣。

过了一小会儿，她平静下来，又面带笑容地和我交谈。

我问她："为什么不允许自己尽情地释放一下压抑的情绪呢？为什么总是在想哭时反而面带笑容呢？"她说："我想给别人更多的温暖，我更想让爸妈开心，我不想因为自己的不开心影响爸妈的心情。在爸爸妈妈眼里，我是个挨了打骂也能够很快调整自己，仍然笑对人生的没心没肺的孩子！"

然而，随着年龄的增长，夏心怡的心事越来越多，心理压力越来越大。特别是她12岁时又有了弟弟，父母把所有的关注、关心和关爱都给了弟弟，她变得更加失落了。弟弟一岁多时，父母为了有更多精力照顾弟弟，也为了锻炼她的独立生活能力，强行把她转到市里的重点中学寄宿就读，从此她一个月才能回家一次。她感觉自己被父母抛弃了！她在学校日夜想家，总想给家里打电话，可每次打电话父母都劝她坚持，再后来父母就批评她太娇气，质问她那么多的同龄孩子都是寄宿，为啥别人能适应她就不能适应？再后来，她给父母打电话，父母三言两话就把她打发了，只是不断地给她的卡里汇生活费。

上高中以来，她的心情从来就没有舒坦过。尤其是上高二以来，学习成绩的落后、同宿舍女生的矛盾、青春期自我认知的困扰等压力叠加，引发了她童年的创伤和内心的痛苦。她感觉自己像一条闷在鱼缸里的鱼，闷得快透不过气来了。

请倾听孩子内心的声音

青春如诗可歌，夏心怡应该有清澈的双眸、明媚的笑脸和源自内心的快乐，而不应该被"抑郁"所困惑。我决定尽快帮助她解开心结，走出生命低谷。

首先，帮她去掉"抑郁症"的标签。 夏心怡看见我的第一句话就说自己得了抑郁症，还列举了很多症状。我通过综合分析，让她确信自己并没有患抑郁症。确认抑郁症是需要较严格的症状和时间指标的，不能随便给自己贴标签。我通过帮助她梳理原生家庭的影响，让她明白错误的自我认知和自卑的源头。夏心怡听完之后，感到如释重负。

其次，帮她建立积极正向的思维模式。 我通过运用认知疗法，让她明白：现在自己面临的人际关系不良问题，并不是自己不可爱，也不是别人故意疏远她，而是自己存在错误认知和糟糕化、片面化、夸大化等错误的思维模式。只有增强自信，改变自我认知和评价，学会运用积极思维看待身边的人和事，才能有新的转机。为了帮助她树立积极的思维方式，我建议她以后每天写三条肯定自己的事件，训练其建立积极的思维模式。

再次，帮她区分父母的正反面，清除曾经的伤害，获得爱的滋养。 在谈及家庭时，夏心怡几次都想放声大哭，但最终还是把泪水生生地吞咽到肚子里了。因为她说，她爸妈除了在情绪不好时打她骂她，在情绪好的时候对她非常好。特别是妈妈心情好时，对她的生活照顾得无微不至。但是妈妈没有受到过更多的教育，整天在家里做家务、带孩子，几乎与时代脱节，根本不了解她的心理需要。妈妈也不会调整自己的心理，有时候和爸爸吵架，就会把自己的坏情绪转嫁给她。她感觉妈妈很可怜，并不恨妈妈。爸爸每天在外面奔波忙碌，挣钱养家，应酬频繁，有时喝醉回家也会找碴儿。爸爸让全家人享受到了体面的生活，因此，她感觉爸爸也不容易。有时候看到爸爸喝得烂醉，她很心疼，只盼自己早点长大，能够替爸爸分忧解愁。因此，在夏心怡的心中，爸妈都有好的一面和坏的一面，她时常经受着分裂的心理困扰，内心压抑着复杂情感：对父母的怨恨、愧疚、感激和爱。

为了帮助夏心怡整合这些心理冲突，我用两把椅子，一把代表"好妈妈"，另一把代表"坏妈妈"。我首先鼓励她对"坏妈妈"表达怨恨，

尽情地哭诉，充分地宣泄；接下来，再让她对"好妈妈"表达愧疚、感激和爱。最后，让她大胆地对"妈妈"表达出内心的需求。同样，也让她对"好爸爸"和"坏爸爸"充分表达内心情感，说出真实需求。让我吃惊的是，她的唯一需要竟只是想让爸妈耐心倾听自己的心声，关注自己的内心世界。因为她觉得自己与爸妈就像两个世界的人，根本无话可说。

最后，重新建立亲子链接。我把夏心怡的心声转告给她的爸妈，她的爸妈也非常吃惊，他们都认为自己是爱孩子的，已经尽己所能满足孩子了，没想到孩子还会出问题，还会有这么多的不满。原来，他们所给予的并不是孩子需要的。

经过两次咨询，夏心怡又去上学了。她妈妈开始关注女儿的内心世界，看到女儿愿意与自己聊天、谈心事，她十分欣喜。她开始参加心理沙龙，学习亲子沟通技巧，重新与女儿建立了亲密的心理链接。她每天晚上都会和女儿通话，倾听女儿的心事，感受她的喜怒哀乐，和女儿共同面对成长中的问题。她深有感触地说："唉，现在才明白，我原来爱孩子的方式很多都是错误的。会爱才是真爱，不会爱是虐待啊！真爱是需要学习的，我必须和女儿一起成长。"

春暖花开时节，我在微信里看到夏心怡发来的照片，是她和宿舍同学的合影，她笑面嫣然，我能够感受到她从内心流露出的快乐和满足。我相信，只要她的人际关系改善了，提高学习成绩也指日可待。因为她感受到了爱，找到了自信，便拥有了改善一切、创造美好的力量源泉。

咨询手记：为什么有那么多伤心的父母和痛苦的孩子？父母认为自己足够重视孩子，已经把所有的好东西都给了孩子，但是孩子却并不领情，还是感觉到备受忽视，亲子关系因此受到极大伤害。原因在于有的父母不懂得爱的教育，他们太自以为是，不会尊重孩子，给予的并不是孩子需要的。

当父母们骂孩子是"白眼狼"时，孩子们也在承受着来自亲情的伤

害。有的会把对父母的不满、愤怒和怨恨转化成对世界的攻击，如男孩子打架、斗殴、抽烟、喝酒等；有的则把这种负面情绪转化为自我攻击，如自残、自杀、抑郁等。夏心怡的自我压抑、自我否定也是一种自我攻击和自我能量的消耗。因此，一些父母在教育孩子上还处于"无明"状态，从"无明"父母到"智慧型"父母，还有一段很长的路要走。

② "恩爱父母"挤走女儿心理生存空间

导语：父母关系不和谐，每天吵闹不断，肯定会对孩子的身心造成伤害和恶劣影响。那么，父母在孩子面前过于恩爱好吗？回答是：NO！凡事有度，过犹不及。父母在青春期的孩子面前不分场合地过度秀恩爱，也会给孩子造成心理困扰。那么，父母过度重视彼此却忽视对孩子的关爱，到底是如何影响孩子的心理发展呢？让我们跟随心理咨询的进程，看看这个总感觉自己多余、想当"隐形人"的女孩有怎样的内心挣扎。

可爱女孩想当"隐形人"

高二女生焕焕今年16岁，长得瘦弱如柳、肌肤洁白、秀美文静，眉宇间总有一种如雾般的淡淡忧伤，缺乏正值豆蔻年华的少女应有的朝气和活力。陪同她来咨询的妈妈打扮得优雅富贵，声音清脆，言辞利落，彰显着一位成功女性的魄力。在咨询室刚坐定，妈妈的话语便像打开的水笼头一般，列举着焕焕令她烦恼和无奈的各种"症状"。

她说：

"焕焕不爱多说话，整天像个'小哑巴'，从来不主动和别人打招呼，即使是自己的亲人，如果不主动问她话，她就不搭理人家；她从不恋群，没见过她有非常要好的朋友，总是喜欢一个人看书、学习或发呆；她不喜欢去人多的地方，偶尔参加家庭聚会或跟着出去旅行，总是找个没人注意的角落坐着；她学习非常好，读了很多书，知识面很广，但是考试从来不冒尖，成绩总是在中等偏上位置徘徊；与我们的关系很疏远，出去从来不跟父母打招呼。

"去年暑假，她自己坐车去乡下的奶奶家，我再三叮嘱她到地方之后打电话报个平安。可是，直到天黑透了，我打电话问她到了没有，她才说早到了。我问她为啥不打电话报平安，她也不说话，气得我在电话里把她训斥了一顿。结果她在奶奶家住了一周，没有主动给我们打过一次电话。人们都说女儿是父母的小棉袄，可是我这闺女却冷得像冰块似的，让我很伤心。

"这段时间，焕焕越来越怕见人了，家里来了客人，她就躲在自己房间里不出来。她拒绝去任何人多的地方，还多次对我说，想当一个隐形人，让别人都看不到她，甚至看见熟悉的人会故意躲开。开始，我以为她是说着玩，可是说得多了，我又联想起她平时的行为，真担心女儿得了心理疾病，便好说歹说地劝她来做咨询。"

当这位母亲滔滔不绝地说的时候，我仔细地观察焕焕，她的脸色苍白而暗淡，不喜不悲，似乎早已对母亲这样的架势习以为常了。母亲说完之后，用探询的目光问我："我女儿的问题严重吗？好治吗？"我对她淡然一笑说："我没发现你女儿有啥问题啊？不爱说话的女孩很多呢！你说的情况我见的也不少，你先别着急，让我和孩子单独聊聊可以吗？"我用余光看到焕焕目光里露出一丝欣喜来，妈妈也像是松了口气，非常爽快地到其他房间等候了。

我问问焕焕，妈妈说的是否都是真实的。焕焕悠悠地说："大部分都是真实的吧，不过妈妈说的有点夸张了，我真的没有像她所说的那么冷漠，我的心热乎得很呢！"说完还用手捂着胸口对我笑了笑。这笑容宛如在她青春面容上绽放的灿烂花朵，让我的眼睛为之一亮。这是个多么漂亮可爱的女孩啊！

焕焕的笑容一闪即逝，她的目光随之也暗淡下来。她说："我愿意跟妈妈一起来这里，是因为我也想弄明白一个问题：我为什么想当隐形人？我总是希望别人忽略我的存在，不想被关注。我为什么会有这样奇怪的想法呢？"我说，愿意和她一起开始一段心灵探秘之旅，帮她走出迷茫。

她怕打扰父母的幸福

第一次我就和焕焕建立了安全信任的咨访关系，因此在第二次会谈时，她很容易就向我敞开心扉。我首先了解了焕焕的成长经历。

她说："我从小是跟着爷爷奶奶长大的，因为爸妈工作忙，我从1岁就被奶奶抱到乡下抚养了，直到我6岁上学。我刚到城里跟父母生活在一起时，感觉自己像是个客人，爸妈关系很好，他们在一起总有说不完的话。吃饭时，他们聊公司的事，聊时政，聊明星，我经常被晾到一边。他们也经常在我面前秀恩爱，拥抱、说甜言蜜语都是司空见惯的。每当此时，我就觉得自己是个多余的人，恨不能有个地缝钻进去。

"他们偶尔也有吵架的时候，如果我上前劝几句，他们就会驱赶我说：'小孩子，一边玩去，别在这儿添乱！'他们吵得再厉害，要不了两天就会合好，我发现自己做什么都是多余的。自从跟爸妈一起生活，我一直很乖，生活也很独立，几乎不惹他们生气。这样父母就可以忽略我的存在，他们的生活还可以像我没来过一样了。"

我问焕焕："爸爸在你心目中是什么样的形象？"焕焕不屑地说："他啊，就是个老婆迷，像我妈的马仔，我妈说啥他都听，处处护着我妈。记得我上小学三年级的那个寒假，一天中午吃完饭，小朋友叫我去楼下玩一会儿。妈妈吃完饭午休了，爸爸要出去办事。他叮嘱我说，多玩一会儿，别敲门打扰妈妈休息。可是小朋友们玩一会儿就各自回家了，我也只得回家。我敲门把妈妈弄醒了，妈妈很不高兴。晚上爸爸回来，就训斥我，还用尺子打我的手心，说让我记住以后不许再打扰妈妈休息。从那次之后，如果妈妈在家休息，我就会躲在自己的房间里，不敢到客厅里走动，或者到楼下找小朋友玩。有好几次，我忘记拿钥匙，都是坐在我家楼道的台阶上等到妈妈睡醒才敢进家。这些事我从来不敢跟爸妈说。那时我就想，如果我是个隐形人就好了，可以不影响任何人，自己仍然可以观察

和感受这个精彩的世界。"

我问她："你想当隐形人的感觉一直都有吗？能具体说一下什么时候这种感受最强烈吗？"她说："这个感受有时明显，有时候不明显。每当爸妈在我面前秀恩爱时，每当我感到自己的行为影响到爸妈时，这种感受就会出现。最近发生的一件事，让我的这种感觉越来越强烈了。我妈说我没有好朋友是因为她根本就不了解我，其实我是一个非常在乎友谊的人。我有一个从初中玩到现在的朋友叫玉舒，我们之间无话不谈，可是最近我发现她有意疏远我，我百思不得其解。后来我才知道，她喜欢我们班的篮球王子，而那个男孩却说他喜欢我，可是我对那个男孩毫无感觉。我看到玉舒痛苦的样子，心里很难受，我希望他们能够在一起，如果没有我的存在就好了，于是那种想被人忽略的感觉又来了。在班级上，我从来都不举手发言，我希望所有人都忽略我的存在。如果被老师点名到讲台上回答问题或做题，我就感觉同学们的目光像钉子一样，盯得我浑身难受。"

我又与焕焕交流了一些与父母、老师、同学互动的情况，了解了她的人际交往模式和心理机制之后，迅速理清了对她进行心理疏导的目标和思路。

建立关爱女儿的共同联盟

为了尽快解开焕焕心里的疑虑，我给她粗略讲了自我意识的发展过程，特别讲了青春期自我的心理冲突，引导她形成正确、全面的自我认知，学会接纳自己、关爱自己。这是一个漫长的陪伴过程，我通过沙盘、意象对话、催眠暗示等技术，让焕焕慢慢地觉察自己原来不正确、不全面的自我认知，发现自己好的特质，真正从内心喜欢和接纳自己。

如果把焕焕当作一株树苗的话，家庭环境就是她赖以生存的主要地

方。如果想让这棵树苗壮成长，必须保证其生存环境是健康的，因此调整其父母的教养模式是确保咨询效果的重要措施。我知道，这个家庭的核心人物是焕焕妈妈，她影响着整个家庭的能量场，也是导致焕焕出现问题的始作俑者，只有调整她的观念和行为，才能够从根源上解决问题。

首先，倾听心声助宣泄。焕焕妈妈作为一个职场女人，面临家庭和事业的双重压力，内心也会积压负面情绪，但是为什么她总是在女儿面前表现与老公恩爱的样子呢？通过认真倾听她对家庭和孩子的付出，了解她对女儿的期待和其夫妻互动模式，我终于明白了：她其实是个完美主义者，一心想当好妻子、好妈妈，所以压抑自己的悲伤和不如意，表现出来的都是乐观、积极向上的一面。她想给女儿树立一个好女人的典范，没想到却给女儿带来这么大的心理困扰。因此，我让她痛痛快快地诉说内心的委屈，尽情宣泄积压的负面情绪，增强面对问题的心理能量。

其次，帮父母走进孩子的心灵世界。我对焕焕妈妈讲解了青春期女孩的心理特点，引导她多关注女儿的情绪情感变化。让她明白，青春期的孩子自我意识不断增强，对自我非常关注，对两性关系变得敏感，应该注意到女儿这个时期的生理和心理特点。焕焕妈妈觉察出自己的不当行为对女儿造成了影响，感觉很受震撼，表示要和女儿好好沟通，真正走进孩子的内心世界，真诚地与女儿交朋友。

再次，引导父母共建关爱女儿联盟。我给焕焕妈妈解释了女儿出现心理困扰和行为症状的心理机制及产生原因，并提醒她：夫妻可以在女儿面前表达互相关心，但尽量用含蓄矜持的方式，不要毫无顾忌地秀恩爱，这样容易激发起青春期女孩的俄狄浦斯情结，引起女儿嫉妒妈妈。当这种嫉妒不能通过叛逆、冲突的方式表达时，就会以一种自我贬低的形式进行内在攻击。从防御机制上来说，焕焕希望自我被忽略可以归为反向形成。**焕焕表面上越是希望自己被忽略，其内心被关注、被尊重、被疼爱的渴望就越强烈，只是因为她怕得不到这些而把这种愿望压抑到潜意识里，这样就**

可以避免自己遭受失望的痛苦。其实青春期的孩子成人意识和独立意识增强，非常渴望受到尊重与理解。但是由于生活经验不足，经济上还不能独立，还需要从父母那里寻求帮助和支持。因此，父母的关爱是疗愈焕焕的特效药。

最后，引导父母多陪伴女儿。焕焕从小被放在乡下，没有和父母建立亲密的依恋关系，这很不利于亲子关系的建立。因此，我建议焕焕父母多带女儿参加户外或聚会活动，不要总是认为女儿听话懂事而把她一个人丢在家里。焕焕在家里得不到父母高质量的陪伴，在学校又出现了友情危机，她很容易产生闭锁心理。如果不及时干预，会对她的身心健康产生不良影响，其心理上会产生不同程度的孤独感，任其发展下去会影响其人格发展。

焕焕妈妈是个悟性高且行动力超强的人，通过几次咨询之后，她不仅有非常明显的改变，而且成了心理沙龙的忠实参与者。她的自我成长带动了整个家庭能量场的改变，那个想当"隐形人"的女儿成为她的贴心"小棉袄"。既可以享受爱情的甜蜜，又可享受亲情的温暖，焕焕妈妈到处炫耀自己是个好命的女人，感恩女儿让她不断学习成长，内心越来越安静和谐，生活越来越幸福美满。

咨询手记：写完这个案例之后，我发现有的家长最容易犯的错误在于对度的把握不恰当，不是极左就是极右。而中国的文化讲究"中庸之道"，不多不少刚刚好，否则就会呈现"异相"，造成危害。

家庭是感受爱、表达爱、传承爱的场所，父母表达爱的模式会影响孩子。焕焕的父母希望给女儿提供一个"夫妻恩爱"的模版，可惜的是他们没有从孩子成长的过程和不同阶段的心理特点看待问题。焕焕从小被父母放在乡下，这个分离创伤让她有不被父母接纳的认知。回到父母身边之后，父母并没有把关注点转移到孩子身上，而是经常把孩子晾到一边。这

让焕焕感觉自己像是个客人，由此加重了不被接纳的自我感受。父母在她面前持续不断地"恩爱示范"变成了对她自我怀疑、自我否定的强化。直到她表现出想"隐藏自己"的症状时，才引起父母的关注。其实每个孩子潜意识里都是希望引起父母关注的，不管用任何千奇百怪的办法，其本质是一样的。焕焕表面上是想隐藏，实质上是求关注，这和其他孩子的调皮捣蛋、叛逆等行为没什么两样。

现在流传着一句话："父母相爱是孩子幸福的源泉。爸爸送给孩子最好的礼物是爱她的妈妈，妈妈送给孩子最好的礼物是爱她的爸爸。"这话没错，但是机械照搬就是错，再爱伴侣也不能以忽视孩子为代价。因为每个家庭、每个孩子都不一样，需要因人因时因境而调整爱的方式。高尔基说过："爱孩子是母鸡都会做的事"，但是"智慧的爱"是一门艺术，靠人云亦云的观念引领或机械模仿，很容易走进误区。

3 孩子内心的完整来自父母完全的接纳

导语：一对双胞胎姐妹表面上亲密无间，却因性格不同导致命运迥异。妹妹顺利考上了名牌大学，姐姐却因精神分裂辍学。姐姐患病的心理机制在于极度糟糕的母婴关系，她小时候就不能被母亲看到，不被理解、不被认可，于是这些感受就成为破碎的裂片，最终导致她无法接受自己而造成精神分裂，成为一支"折翅的蝴蝶"。那么这对双胞胎姐妹到底有怎样不同的人生际遇呢？让我们随着心理咨询的逐步推进，解开"折翅的蝴蝶"的心灵密码。

双胞胎姐姐得了精神分裂症

国庆节期间，我接待了一个刚出院的精神分裂症患者，是母亲和妹妹陪同她来的。她面无表情，很少说话，拉着妈妈的手不愿松开，像个孩子，生怕妈妈丢下她似的。

我先后与她母亲和妹妹进行多次交流，之后通过十多次的沙盘治疗，逐渐了解了这位沉默女孩的成长历程，解开了她的心灵密码。

她和妹妹是双胞胎，因为母亲生她们的时候，是雨后初霁、彩霞满天的夏日傍晚，于是给她们分别起名叫晓彩、晓霞。

据晓彩的母亲和妹妹介绍，她第一次犯病时是高三上学期，学习的压力和糟糕的人际关系，让她突然间感觉头疼欲裂，自己的世界无法被人理解，喜怒无常，上课时满脑子胡思乱想，甚至有时候会忽然感到浑身不自在，忍不住大哭或者大笑。辍学回家之后，晓彩的病情发作更加频繁，她总是听到有人骂她，觉得自己被无形的力量所控制，于是经常摔东西、骂

人，让周围的人感到莫明其妙。一天晚上，她拿水果刀割腕时，被妈妈发现，接着她被强行送到精神病院，被医生诊断为精神分裂。

自从晓彩发病后，父母为她四处求医，尤其是妈妈每天以泪洗面，不断地自责。但是晓彩对妈妈的眼泪漠然以对，似乎她的内心住着魔鬼，控制不住地闹腾。

晓彩在精神病院治疗三个月之后，情感变得很淡漠，对什么都没有感觉，那些曾经让她伤心的人和事在脑海里变得越来越模糊。她的心理状态和行为方式都退行到了童年时期，她喜欢坐在妈妈腿上，喜欢让妈妈给她梳头并且戴上蝴蝶发卡，喜欢牵着妈妈的手走路，几乎不能独立做任何事。妈妈看到18岁的女儿神情呆滞的样子就泪流不止，但是晓彩无动于衷，觉得外界一切与她无关。她感觉现在这种状态挺好的，没有学习的压力，没有人际交往的烦恼，可以沉浸在喜欢的网络世界里。她对任何人都不说话，因为说了也不可能有人理解她。她的世界变得安静下来，这种安静有时候会让她感到恐惧，时不时地感觉头疼胸闷，然后控制不住地乱砸东西发泄情绪，于是她成了别人眼里的精神病患者。

童年心理阴影使她成了"折翅的蝴蝶"

晓彩妈妈说，晓彩生下来就爱大声哭，不顺心就哭闹不止，常惹得家人厌烦，骂她是个闹人精；而妹妹却乖巧可爱，因此妈妈总是对晓彩紧皱眉头，对晓霞眉开眼笑。她家在农村，妈妈出去串门时经常带着妹妹，晓彩却一个人待在家里，因此她很早就品尝了孤独的滋味。妈妈参加村里的宴席时，经常带晓霞，因为晓彩不愿出门。村里人经常对晓彩开玩笑说："你妈和妹妹不亲你，你是捡来的孩子。"晓彩不相信自己是捡来的，因为她和妹妹长得几乎一模一样，不一样的是她们的脾性，妹妹活泼开朗、

机灵懂事，而她内向自卑、倔强沉默。

作为姐姐的晓彩嫉妒妹妹集全家宠爱于一身，总是忍不住和妹妹比。记得小学六年级时，妈妈给她和妹妹买了两条一模一样的裙子。如果妹妹不穿她就不穿，如果妹妹穿了，她很快也穿上这条裙子，实际上她根本不喜欢这条裙子。上小学时，妈妈经常给她们梳一样的发型、戴一样的头花，她最喜欢一个紫色的蝴蝶发卡，当她和妹妹牵手从村里走过时，就像两只翩翩飞舞的蝴蝶。

晓彩从来不敢表现出对妹妹的嫉妒，极力地在众人面前扮演一个好姐姐的角色，总想在父母面前表现出作为姐姐的勇敢和担当，但是往往适得其反。9岁那年暑假，她带着妹妹出去玩，很晚才回家，妈妈急得找了大半个村庄。回家后，妈妈惩罚她俩，让她们都在跪砖头上。晓彩对妈妈说："别罚妹妹了，罚我自己好了。"妈妈在气头上，认为晓彩是故意挑衅，就狠狠地打了她两个耳光。她气得连夜跑了出去，躲到村西头的三婶家不回家。妈妈也不找她，直到次日三婶把她送回家，妈妈还余怒未消。因为不被待见，她便喜欢看书学习，小学成绩一直和妹妹不相上下。上初中时她迷恋上了网络小说，她看得如醉如痴，学习成绩逐渐下降，中考成绩很不理想。但是，妹妹却以优异的成绩考上县城的重点高中。出乎她意料的是，父母托关系让她上了妹妹被录取的那所高中。这是她第一次感受到来自父母的关爱和重视，心里感到特别温暖，发誓高中阶段要努力学习，和妹妹一起考上同一所大学。

在高中前两年，晓彩努力控制着对网络小说的痴迷，把精力专注于学习，成绩不断提高，她的信心也在不断提升。那时她和妹妹都住校，一起吃饭，一起学习，一起在校园里散步聊天，赢得同学们羡慕的目光，只有她的好友王云知道"晓彩的幸福只是表象"。

晓彩和王云是无话不谈的朋友，从高一认识就心息相通。她们互相倾诉内心的秘密，晓彩帮助王云面对父母离婚的痛苦，王云也帮助晓彩排

解对妹妹既恨又爱的纠结，而且每当晓彩想看网络小说时，都是王云提醒她要战胜诱惑。王云在晓彩心中的地位超过任何人，几乎是她高中时代的精神支柱。但是在刚刚进入高三时，王云发现暗恋的男孩竟然对晓彩情有独钟，由此她们之间引发了诸多的误解和矛盾。晓彩本来性格倔强，不是个容易低头认错的人，因此她和王云闹得很僵。王云让周围的女生都孤立她，甚至还把晓彩告诉她的秘密在同学之间散播。晓彩气疯了，几乎不想再看到王云。

随着几次模拟考试成绩下降，晓彩的心理压力越来越大，每当看到妹妹信心满满的样子时，她就会不断地自责。王云偏偏和她作对，不时用语言刺激她。有一次王云和一个同学并肩走到晓彩身旁时，故意大声说："我最讨厌有些人，表面一套背地一套！"晓彩当时就气得胸口闷疼，喘不过气来，妹妹及时把她送到学校医疗室打了点滴才好些。从此，晓彩总觉得有人骂她，有时是王云，有时是妹妹，她的情绪越来越不能自控，她无法把自己统一起来。

请接纳孩子的AB面

从精神病院出来之后，晓霞已经接到大学录取通知书，而晓彩却被妈妈送到了心理咨询室。因为晓彩不说话，神情冷漠，无法用语言交流，我决定用沙盘探索她的内心世界。

第一次我把晓彩带到沙盘室，对她说："看，这些沙具你可以随意摆着玩，我在这里陪着你，好吗？"晓彩拉着妈妈的手不肯松开，我同意让她妈妈也在一旁陪伴，她才愿意摆沙盘。她逐渐进入状态，专心地挑起了沙具，开始构建她的心灵世界。半小时之后，她无言地停了下来，久久地凝视着沙盘。

　　到现在我还清晰地记得她的初始沙盘：河里放着一只蝴蝶和三条鱼，右下角有两个一模一样的博士女孩……我的目光被那只蝴蝶吸引住了：那是一只断了翅膀的蝴蝶。沙架上有很多只蝴蝶，为何她偏偏挑一只断了翅膀的呢？可是当时晓彩根本没有察觉到这是一只折翅的蝴蝶。我问她哪个是自己。她指了指蝴蝶和其中一个小博士，眼神里充满了深深的失望和悲伤。她希望和妹妹一样考上大学，但现在却成了折翅的蝴蝶，失去了飞翔的能力。"蝴蝶代表着转化，说明你有好转的迹象呢！"我宽慰她说。她仍然沉默不语。

　　第四次是妹妹陪她来的，我让她俩做一个团体沙盘。晓彩摆的沙具有：房子、折翅的蝴蝶、柏树、枯树桩、亭子、风车、铁塔等；晓霞摆的沙具有：两个博士女孩、两只蝴蝶、两条小鱼、两棵矮松、莲花、绿树等。晓彩分享说，她看到妹妹摆的东西都是成对的，特别是两只蝴蝶，让她想起她俩小时候牵手走过村头的感觉，非常亲切。她的手不由自主地拉住了妹妹的手，感到一种温暖直抵心窝，泪水在眼眶里打转。妹妹不知道她怎么会突然有了情绪，我非常温和而意味深长地看了晓彩一眼，并对她心照不宣地点点头。

　　沙盘是心灵的图画，是潜意识的呈现，能够清晰表达晓彩的内心世界。通过沙盘，我和晓彩慢慢有了比较畅通的交流。每次陪伴她摆沙盘之后，我总会耐心地倾听她分享自己的感受，她不知不觉喜欢上了沙盘。我总共陪伴晓彩做了十次沙盘，通过不断地挑选和摆放沙具，她的生命状态也不断发生着改变。从原来的缄默不语，到开始主动分享心情，到最后能够敞开心扉倾诉心声，我似乎能够听到她冰封的心灵不断消融流动的声音，感觉到她的生命能量在不断地增强和凝聚，她渐渐地认识了真正的自己。

　　最后一次，是妈妈陪她来的，我让她和妈妈摆团体沙盘。晓彩的沙具是：房子、蝴蝶（健全、完整的蝴蝶）、两个人坐桌前（和姐姐在玩）

等；而妈妈的沙具是：欧式教堂群、两个女博士、两个小红帽孩子、两个玩翘翘板的小人、两个小天使……妈妈挑每个沙具都非常纠结，不断地默默流泪，在连续摆了四对双胞胎之后，已经泣不成声了。

　　我知道这位妈妈的心中有着很重的双胞胎情结，她一直强调要找两个一模一样的，这说明在现实中，姐姐和妹妹有明显的差异，而且妈妈没有对姐妹俩一视同仁，她一直在为此自责和忏悔，这是她当前心里最大的症结。

　　看到妈妈哭得不可自抑的情形，晓彩内心的怨恨和嫉妒慢慢地变淡了，而我对晓彩的发病根源也有了清晰的了解。其实，姐姐和妹妹本来可以共同组成一只完整的蝴蝶，她们两个人都有阳光积极的一面，也有阴暗消极的一面，只不过是妹妹积极面表现得更多，而姐姐表现出的是妹妹性格的阴影部分，而父母只接受光明正面、抵触阴暗消极面。这样做的结果是妹妹的积极性格得到不断强化，而姐姐的消极性格不断突显，最终导致姐姐无法接受自己而造成人格分裂。只有当她和妹妹真正的互相接纳、互相欣赏、互相帮助，她们才能成为一只完整美好、自由快乐、振翅飞翔的蝴蝶。因此，晓彩最后一次沙盘上摆的那只蝴蝶是健全的、完整的蝴蝶，也就意味着她在潜意识里原谅了妈妈、已经接受了妹妹和不完美的自己，整合了原来分裂的性格。

　　经过四多个月的治疗，晓彩成功地走出了心理阴影。过完年，她将和表姐一起外出打工，开始独立生活的历程。她告诉我，虽然她没有圆自己的大学梦，但是她会打工挣钱支持妹妹完成学业。她相信，在未来的日子里，能够和妹妹互帮互助、亲密相伴，共同成长为一只完美的、展翅飞翔的蝴蝶。

　　咨询手记：这个咨询个案虽然过去三年之久，其过程却仍然历历在目。当时，让我百思不得其解的是，在同样的家庭环境里成长的双胞胎为

何性格却有天壤之别？我试图用遗传因素论、环境因素论、二因素论等发展心理学的理论去解释，皆不能解决个案的致病机理问题。于是，我放下种种假设，专心陪伴来访者做沙盘，一步步深入其内心，与之深度共情，体会她生命中经历的悲欢离合和烦恼苦乐，观察她细微的情绪波动。

经历四个月的陪伴，通过抽丝剥茧，我最终从精神分析的动力学和荣格的原型分析理论中找到了突破口，理解了来访者致病的心理机制。当我知其然、并知其所以然之后，心理咨询的过程就变得清晰而明朗起来。

我耐心地陪伴来访者重走童年，帮助她与父母重建良好的亲子关系。当个案得到了爱的滋养，并且能够接纳不完美的自己时，她的内心逐渐变得丰盛而强大起来。当她分裂的自我得到统整、人格得到整合之后，自我力量也同时被激发，她就有能力走出心理阴影，活出精彩人生。

不幸的父母造就痛苦的孩子

　　童年的创伤很大程度会在代际间传承。觉悟至此，你就会明白痛苦的来源，也就会对父母多一份谅解与疼惜：原来，他们也曾经是个受伤的小孩。他们不是不爱你，只是不知道如何爱你。他们给你的爱，已经是他们当时竭尽全力、能够给予的最好的爱了。

① "巨婴妈妈"制造"问题孩子"

导语：每一个结婚生子的女人都要扮演三个角色：女儿、妻子、母亲。秋子妈有时是求关注的"小罗莉"，有时是唠叨的"唐僧"，有时是与老公和女儿争吵的泼妇，却很难是一个心智成熟、情绪稳定的妻子或母亲。这样的角色混乱状态，不仅让她的夫妻关系恶化，也让女儿"问题"频出。因为童年时经历的心理创伤和未被满足的心理空洞，让她很难走出童年时的女儿角色，因此也不能够很好地进入妻子和母亲的角色里。

角色混乱的妈妈愁坏女儿

秋子是在老妈的连哄带拽下来到我的心理咨询室的。最初打电话求助的是秋子妈，她说秋子非常逆反，情绪波动大，动辄就对她发脾气，她希望我能够帮助女儿做一下心理疏导。但是秋子见到我的第一句话就是："我没病，我妈才有病，你给她治疗吧！"秋子妈立即与女儿争辩，母女俩当场互掐起来。

我不动声色地观战，并不上去劝阻。心中暗想："这是多么难得的现场观摩母女互动的机会啊！"妈妈指责女儿："你天天不操心学习，成绩烂得掉渣，除了会给我犟嘴，你还会干啥？我这不是为你好吗？"秋子冷眼白了一眼老妈，说："你动不动就说为我好，我就是不承你这个情！拜托，你还是找找自己的问题吧！"说完，就气呼呼地坐在门口的沙发上，一副随时逃离的姿势。

秋子妈把目光投向我。我决定和秋子单独谈谈，便对秋子妈使了个眼色，让她到外面的房间。我缓步上前，温和地对秋子说："你既然来了，

何不给妈妈个顺水人情呢。何况我也感觉到你心里压抑了很多委屈，我愿意倾听你，并且绝对为你保密。"秋子忽闪着美丽的大眼睛，打量我一番，看到我一脸的真诚，便点头应允。

秋子正值豆蔻年华，在市重点中学上高一。她单刀直入地疯狂吐槽老妈的各种"虐心事"："我妈特别烦人，有时候她就是个长不大的小罗莉，动不动就哭哭啼啼地求关注；有时候她就是个念起'紧箍咒'来没完没了的唐僧，只要哪儿不如她的意，她就唠叨得上天入地、要死要活；有时候她就是个泼妇，和我爸吵，也和我吵，动不动就上演'一哭二闹三上吊'的戏码。"秋子条分缕析地数落着妈妈的烦人事，如竹筒倒豆一般，说得行如流水，根本不用思考的。

"你能说得具体些吗？"我适时使用具体化技术，把秋子的情绪带入更深层次。

"老师，我给您描述几个场景吧：例如我放学回家，心里很烦，想看会儿电视放松一下，我妈就非让我去做作业。我不理她，我妈就来夺遥控器，我偏不给她，结果她上来就要打我，我气得把遥控器摔在了地上。我妈当场就炸了，大哭了起来，说我非要把她气死不可。天地良心，我可不是故意气她的，是她不想让我好过啊！

"我妈爱唠叨，我爸听烦了就躲在外面不回家。我妈打电话我爸也不接，我打电话我爸就接。所以，只要我爸妈一吵架，我爸就'玩消失'，我妈就会一把鼻涕一把泪地向我诉苦。我听得耳朵都快起茧子了，实在扛不住，就打电话让老爸回来。说实在，我从心里也挺可怜我爸的，回来就要面对我妈的各种盘问和哭闹。

"最近我爸妈争吵又升级了，我家经常战火纷飞，从来没有消停过。他俩三天两头吵架，听我妈的话音是我爸在外面找女人了。因为这事儿，我妈玩尽了各种虐心把戏，自打耳光、头撞墙、割腕、用刀威胁我爸。但是只要我爸三句好话一哄，她立马又偃旗息鼓，甚至又能与我爸有说有

笑，相伴同行，家里的氛围忽然间又变得风和日丽了。我足出不户，就能天天在家里看各种虐心和梦幻大片。唉，这大人的事儿，我也看不懂，我早就烦透了我爸妈这种阴晴不定的状态。

"有一次，我跟我爸开玩笑说：'你咋娶了我妈这样的女人，要不你们离婚吧，再给我找个贤惠的妈。'我爸说：'还不是为了给你一个完整的家？我是舍不得让你受委屈才这样委曲求全的！'。老师，您说我冤不冤啊，被他们虐成这样，他们竟然都说是为我好，我还得承他们的情！

"总之，我觉得我妈就像个小孩子，没有个正性子，和她在一起生活很累！"

秋子说起话来伶牙利齿，逻辑严谨，条理清晰，深刻犀利，加上她举重若轻、淡定从容的气度，让我不得不对这个00后女孩心生惊叹。

挥别痛苦童年才能真正成长

秋子说，在家里从来没人像我这样投入而专注地倾听她说话，因此那天她说得酣畅淋漓、轻松自在。从她反馈的情况看，问题的确不在于秋子，而是出在她的妈妈黄女士身上。退行性、情绪化行为是黄女士的典型特征，她的心智可能固着在幼儿时期。因此，接下来，我便把秋子妈作为咨询对象。

当然，黄女士并不容易接受自己作为咨询对象的事实。她迫不及待地向我诉说她在家庭如何辛苦付出，对女儿和老公如何无微不至地关心；控诉女儿如何不听话、不懂事，老公如何在外面花心、伤害她。总之，在她眼里，她是个付出者和受害者，而女儿和老公却是不知好歹的"白眼狼"，从来不体谅她的艰辛。

为了改变黄女士这个认知，我让黄女士和女儿进行角色交换。秋子

很快进入妈妈的角色，把平时妈妈对她的指责、对爸爸的抱怨、哭闹的状态表演得惟妙惟肖。而黄女士在女儿的角色里，也感受到了那种压抑、愤怒、无奈和无助的情绪。之后，我用一把空椅子代表秋子，让秋子重新进入妈妈的角色表达情绪，而让黄女士站出来"镜观"。

黄女士看后似乎心有所悟，随即泪流满面，捂住脸嘤嘤地哭了起来，那样子很像一个受委屈的小女孩。

我问黄女士："你看到了什么？那时候的你几岁了？"

黄女士哭得更加悲痛，情绪反应非常剧烈。我和秋子屏息等待。五六分钟过后，黄女士的情绪逐渐平静下来。我走过去问她："你刚才想到了什么？"

黄女士说，她想到了小时候被姐姐们孤立，被小伙伴们欺负，被爸妈追着打。唯一能给她保护就是哥哥，可是哥哥却在一次车祸中不幸去世了。黄女士说着说着又抑制不住地痛哭起来。

我给黄女士一个抱枕，让她把抱枕当作小时候的自己，紧紧地抱在怀里。然后，我播放了一段摇篮曲，按灭了灯光，告诉她："你可以在这里尽情哭，尽情地倾诉所有的委屈。你可以对小时候的自己说话，说你这一路走来不容易。告诉小时候的自己，你已经长大了，有能够保护自己了，不会再让自己受委屈了！"。

黄女士很快在我的引导下退行到了幼儿状态，哭诉她在小时候不受周围关注、没有得到父母疼爱的伤心往事，更回忆起哥哥给她的温暖和保护，以及失去哥哥之后的痛心。我引导她与哥哥进行告别，在她内心真正接受了哥哥离世的现实之后，她的语气开始变得缓慢而有力，思绪也变得清晰有序了。她又重新回到了成人的角色里，她意识到自己已经为人妻为人母了，她开始对小时候的自己道谢和道别，她说以后会善待自己和家人。

最后，我让黄女士和女儿重新回到自己的角色里进行沟通。秋子理解

了妈妈幼年时遭受的创伤和痛苦，黄女士也理解了秋子的情绪反应。母女俩真诚地相互道歉，紧紧地拥抱在一起。

别把孩子当作自己的投射对象

这场我在咨询室里导演的心理剧成为黄女士心灵成长的起点，从此她非常配合地进行心理咨询。通过多次的交谈和心理疏导，她终于解开了诸多让她痛苦不已的心理困惑。

当黄女士看到女儿不学习时就会非常焦虑，是因为她把女儿当作小时候的自己，小时候因为学习没有姐姐好，总是被妈妈嫌弃，被姐姐孤立，她怕女儿也经历那样的孤独。

当她与女儿吵架时，她似乎也看到小时候那个倔强的、被爸爸追着打的自己。其实，那时候她对自己非常不满意，为自己的不懂事和倔强感到生气，真想狠狠地揍她一顿。而女儿正是给她提供了这个实现潜意识愿望的机会。

黄女士对老公更是充满复杂的情绪，因为她对老公投射了不同的角色需求。她小时候很少得到父亲的关爱，因此她对现实中的父亲充满抱怨，对理想化的父亲又充满期待。她小时候，哥哥在某种程度上被她当作理想化父亲的投射。当她结婚后，老公就成了父亲角色的投射，因此老公时而成为她抱怨的对象，时而又成为她期待的对象。当老公能够安慰她、宠爱她时，就会唤起她小时候被哥哥宠爱的回忆。因此，她会与老公产生相爱相杀的情感纠缠。

黄女士终于明白，为什么自己总是喜欢学生装和青春女孩式的衣服，满柜子都是短裙、牛仔裤、T恤衫，她和女儿走在一起像是姐妹俩。但是情绪冲动起来，她还没有女儿理智，很多次都是女儿反过来劝她，最终才息事宁人。

　　黄女士通过梳理原生家庭和自己角色定位，觉察到了自身的问题，并在我的引导下进行自我整合和情绪调整，也经常参加心灵成长沙龙，不断进行自我探索和完善。如今，黄女士从着装到举止已经成熟了很多，她和女儿、老公的关系也日益变得和谐、亲密了。

　　不久，我收到黄女士的微信短信："幸亏遇到你，幸亏能够领悟到自己的问题。感谢你开启了我心灵成长的道路！成长是每个人终生的课题，一个人到任何时候开始成长都不晚，即使到耄耋之年，我仍然需要成长。"看完后，我轻轻地放下手机，望着窗外那满院春光，心里涌起暖流，嘴角微微翘起。这，或许就是我最幸福的时刻了。

　　咨询手记：做完这个咨询，黄女士母女的形象仍在我眼前挥之不去。

　　黄女士无疑是诸多心智不成熟的"巨婴妈妈"的一个缩影，虽然很想做一位好妻子好母亲，但是当她走不出童年创伤的阴影时，只能停滞或固着在童年的角色里，而不能顺利进入妻子和母亲的角色。她很容易把内心的痛苦或需求投射给别人，出现退行性的情绪化反应，这就会对亲密关系和亲子关系造成伤害。童年未满足的心理需要，促使她上演各种"作"的戏码，弄得家里鸡飞狗跳，而她还感觉自己无比委屈。

　　秋子是"巨婴妈妈"制造出的"问题女儿"。因为黄女士把女儿作为自己的投射对象，当妈妈不能接纳童年时的自己时，也难以接纳女儿，感觉女儿到处都是问题和毛病。幸运的是，黄女士能够在发现问题时及时求助，并能够在咨询中得到领悟和成长；更幸运的是，秋子是个自主性很强的孩子，她没有被妈妈的"角色混乱"弄得找不到自己，她能够很清楚地看到妈妈的问题，并且坚决果断地进行反抗。否则，她很有可能成为被妈妈同化的"牺牲品"，失去自我判断、独立个性和掌控人生的能力。

　　家长们切记：要想让孩子健康成长，父母必须先自我成长。只有成熟、智慧的父母，才能够教出健康优秀的孩子。

② 苛责的妈妈毁了女儿的幸福

导语：中国的父母习惯把爱深藏在心里，而把儿女的缺点挂在嘴上。却不知，这样的伤害被一代代传承下去，牺牲了青春的快乐，影响了人生的幸福。只有当我们学会用爱的表达传递欣赏和信任时，幸福才会离我们越来越近。那么，性格和行为习惯会遗传吗？看完这对母女的内心表达就知道了。

女儿在妈妈眼里没有优点

上高一的金橦是被妈妈硬拉到心理咨询室的。她是一个文静、清秀的女孩，一直含胸低头，刘海遮住了眼睛，一脸的无奈。她的妈妈赵女士反映了一大堆问题：女儿早恋、两次离家出走，还要辍学，并且喋喋不休地当面说女儿是个白眼狼，不知道体谅父母的良苦用心。金橦眼里积满了愤怒，用目光向我求助。

我了解了这对母女的基本情况和矛盾焦点之后，让赵女士暂时去休息室等待，我和金橦单独谈话。

"你两次离家出走都是什么时候？为什么离家出走？"我轻声问金橦。

"第一次离家出走是在中考前夕。虽然学习压力很大，但是我注重学习方式和效率，在学校把该学的东西都掌握了，回到家就想听听音乐放松一会儿。可是，我妈每天三句话说不到头就扯到学习上，之后就开始数落我不努力，我烦了就关起门来躲到房间里。那天晚上我妈像中了邪，非要进我房间和我理论，我不开，她拼命敲门。我爸出差不在家，我不想惹她生气，只好开门让她进来。妈妈进我房间就哭开了，历数我从小犯过的所

有错误。我气极了，和她对吵，并摔了书桌上的墨水瓶，她激愤之中打我一记耳光。我跑了出去，在网吧待了两天一晚。

第二次离家出走是在今年暑假。中考之后，心情放松了许多。同学陈纹过生日，请几个同学去玩，其中有我们班的大帅哥郝彬。最让我没想到的是，郝彬竟然向我表白，说他喜欢我，而且说出我许多优点。我无法拒绝一个男孩对我的欣赏，何况他还是我们班很多女生暗恋的帅哥。从那之后，我就和郝彬走得很近，经常对妈妈撒谎，偷偷地和郝彬约会。妈妈发现之后，对我又是一番责骂。我一气之下，再次离家出走。这次有郝彬的陪伴，到哪我都不害怕。他带我去洛阳玩了一圈，直到他接到妈妈打电话下最后通牒，我们才回去。

虽然我和郝彬在一起，但我们只是比较好的朋友，根本不像我妈想象的那样龌龊。我骨子里是个非常传统的女孩，我不会做出格的事。我们在一起是因为互相欣赏和相任。我在郝彬眼里是个文静、懂事、善良、美丽的女孩，而在我妈妈眼里却是个胆小、窝囊、一无是处的女孩。家里太压抑，我听烦了妈妈的苛责和唠叨。从小我就想做个好孩子，可是无论我多努力，得到的永远是我妈的不满和指责。我在妈妈眼里似乎没有任何优点，从来没有听到她夸过我，因此我也没有自信和快乐。而在外面，有人欣赏我、赞美我、理解我，所以今年上高一之后，我忽然有了辍学的念头，想早点去打工挣钱，追逐自己的梦想，永远摆脱妈妈的唠叨和指责。"

金橦是个沉稳淡定的女孩，她的叙述轻缓流畅，不疾不徐，情绪表达恰到好处，语言条理清晰。我也疑惑，这样一个好女孩，为什么在妈妈眼里就没有优点呢？

来自家族遗传的挑剔和苛刻

在休息室等待多时的赵女士似乎也平静了情绪，她用期待的目光看着我，想听听我和她女儿都谈了什么内容。而我却首先问她："你能找到你女儿的优点吗？"没想到她能够找到女儿的许多优点。在她心目中，女儿是优秀的，她把培养女儿当作人生最重要的事，她的使命是让女儿更加优秀。

赵女士说女儿性格柔和，在初二之前一直对她百依百顺，而且学习努力，成绩优异。当别人夸自己的女儿优秀时，她心里乐开了花，但表面上却谦虚地说女儿这方面不好、那方面不行，总是让女儿很扫兴。**平时，她忽略了女儿的优点，只盯住女儿的不足，并逐一指出来监督女儿修正。**例如，女儿说话声音小，她就指责女儿胆小、不够大气；她嫌女儿走路总是低头含胸，没气质，还有点外八字步；她指责女儿学习没耐性，写字不够清秀，做笔记没条理；她抱怨女儿生活自理能力差、房间太乱等，她每天都自觉或不自觉地重复强化着女儿的这些缺点。女儿在她长年累月的负面暗示下，越来越缺乏自信，变得越来越消极，母女关系也越来越恶化。

我问赵女士："你小时候，你妈妈是怎样对待你的？"赵女士沉思了一会儿，叹息道："我妈是个非常勤劳善良的人，就是不会说话，爱挑别人毛病，还爱骂人。记得上中学时，我妈总说我的腿不直，所以我直到现在都很少穿紧身裤和短裙；我的脸盘大，我妈还给我起个外号叫'锅盖脸'；我11岁就学做饭了，做得好吃，我妈也不夸我，做得不好就该挨骂了。上学时，我只要一次不得奖状，肯定得挨骂。为了不挨骂，我就拼命学习。后来我考上了大学，就业、成家，一路顺利。我妈说：'打是亲，骂是爱，批评指责是为了让你变得更好。'我有了女儿之后，不自觉地就把妈妈的教育理念传承下去了。"

赵女士无疑有着较强的自省能力，她已经意识到了问题的根源所在。

但是对于问题存在的深层次原因和解决办法还是一头雾水。我给她留了思考题，并相约在下一次咨询时共同分析这些问题，然后找出解决办法。

学会用爱的表达传承幸福

赵女士再次走进咨询室时，对我说："我不该当着女儿的面说她是白眼狼和那么多难听的话，我现在明白了问题出在我身上，是我的教育方式不对，但是我却不知道怎样改正。"

我给赵女士倒了杯茶，让她在轻松自在的状态下开始梳理解决问题的办法。

首先，我请她正视女儿正值青春期的事实。赵女士百思不得其解地问我："为什么以前柔顺听话的女儿忽然变得桀骜不驯了？"我说："从金檀在中考前第一次离家出走，你就应该意识到女儿到了青春期，以前之所以没有叛逆，是因为她一直在忍受。她在心里一直积累着不被认可、不被欣赏、不被理解的负面情绪，一旦有事件激发，长期压抑的负面情绪就会集中暴发，她势必会做出与平时不同的举动。金檀第二次离家出走更是叛逆的表现。她本来只想和郝彬做个普通朋友，你却指责她是早恋。你在家里说她这不行、那不好，而她在外面得到的却是欣赏和理解，她不离家出走才怪呢。"我建议赵女士了解一下青春期女孩的心理，站在孩子的角度理解女儿、接受女儿，真正与女儿同频共振。

其次，我帮她梳理家庭教养方式的遗传因子。从家庭排列的角度上讲，家族的许多行为习惯和思维方式是可以遗传的。如指责性的语言方式、苛求完美的性格，都是赵女士从母亲那里传承下来。另外，中国人认为谦虚低调是美德，当别人夸自己的孩子聪明、优秀时，自己会过于谦虚，明明自己的孩子很优秀却说孩子这不行、那不好，让孩子听了很失

望。赵女士有时还用语言暴力伤害女儿："你让我失望透了！""再没有你这么笨的人了！""走路总是低着头，看你那窝囊样儿！"这些对女儿失望和贬低的语言，严重挫伤孩子的自尊和自信，让孩子体验到被家长嫌弃的感觉。金橦在这样的成长过程中出现了"习得性无助"现象，所以总是习惯性地低头含胸，目光不敢与别人对视，内心有深深的自卑。

最后，我建议她学会用爱的表达传承幸福。春节晚会上的一首儿歌《爱我你就抱抱我》应该引起所有家长的反思和共鸣："爸爸总是对我说，爸爸妈妈最爱我。我却总是不明白，爱是什么？爱我你就陪陪我，爱我你就抱抱我，爱我你就亲亲我，爱我你就夸夸我。"这就是爱的表达。有爱就要表达出来，这样才能让孩子感受到被肯定、被接纳和有安全感。而赵女士却总是把爱和欣赏深深地藏在心里，说出来的总是指责或者难听的、伤人的话。

我建议赵女士回家之后，首先和女儿心平气和地谈心，对自己以前用消极负面的表达方式给女儿造成的伤害真诚道歉。然后，和女儿做一个"优点轰炸游戏"，罗列出女儿所有优点，并真诚地赞美她，相信女儿一定会成为非常优秀的人。这是一种积极的心理暗示，赞美、信任和期待具有惊人的能量，它能够改变人的行为。当人获得信任和赞美时，便感觉获得了社会支持和积极向上的动力，变得有自信和自尊，从而增强自我价值感。如果赵女士能够把这种爱的表达传承给女儿，女儿就会朝着她希望的方向发展。相反，如果继续用消极负面的表达方式，女儿很可能会在青春逆反期让自己的人生滑坡。

赵女士终于体会到"习惯决定命运"的巨大力量。母亲对她小时候的责骂一直是她心里的伤痛，她外表是优秀的，内心却是自卑的。她的一切努力就是与内心的自卑作斗争，极力想用优秀掩饰自卑，因此她的内心不和谐，人生也不幸福。现在她又把这种习惯传递给女儿，因此女儿也不快乐，母女关系紧张，让她们都痛苦不堪。所以她下决心改变自己的习惯，

切断这个遗传因子，学会爱的表达，让女儿把幸福和快乐传承下去。

看着赵女士信心满满地离去，我心中释然了。我相信母爱的力量，只要妈妈为爱而改变，母女关系一定会得到调整和改善。当孩子得到爱的滋养时，一切都会朝着美好的方向发展。

咨询手记：一百多年前，一位著名的心理学家在对他的孩子的观察中发现，孩子在经历了一件痛苦或者快乐的事件之后，会在以后不自觉地反复制造同样的机会，以便体验同样的情感。这位心理学家把这种现象称为"强迫性重复"。

在人际关系中，强迫性重复可以理解为一个人小时候形成的关系模式的不断复制。例如，小时候的关系模式是信任，那么一个人就会不断复制信任，他不仅能赢得一般人的信任，还能赢得那些很难相处的人的信任。

本文中的赵女士也是在"强迫性重复"中复制着她母亲苛责的教育模式，如果不是通过心理咨询发现这种行为模式的来源及危害，她可能会深陷在"鬼打墙"的死胡同里，不明白自己为什么有那么多的不满意、挑剔和指责，也不明白女儿为何会越来越叛逆。因为这是一种潜意识的力量，她无法觉察，只能像被驱使的驴子那样盲目赶路，却不能抵达幸福之地。如果赵女士不改变，她可能会把女儿也"复制"成一个苛责、挑剔的妻子或母亲，那么女儿的人生幸福也会被毁在母亲苛责的行为模式当中。

当家长不学习成长、不自我觉察时，这种"复制"就会在不知不觉中进行。只有当生活陷入困境时，才会引发觉醒和改变。人们在悲叹命运的同时，也应该感谢人生中所有的际遇和坎坷，因为所有的问题和困扰都是来拯救困境中的人的。

③ "唐僧爸爸"让他活在自卑的阴影中

导语：17岁的吉星是一个生活在离异家庭的孩子。表面上看，父母离婚让他得到更多的爱和自由。实际上，他深层的痛苦正是来源于不和谐的家庭。虽然他长得很帅，但忧郁的眼神和木讷的表情与他的年龄极不相称，长期的心理阴影让一个少年失去了应有的活力。在我们的周围，像吉星这样的孩子并不少见。那么，如此年轻帅气的少年为何会缺乏生命的激情和活力呢？当我们了解了他的家庭生活环境和成长经历之后，自然就会知道答案。

"高富帅"男孩难捱内心的自卑

上午十点多，吉星茫然地跟着妈妈走进了心理咨询室。之前，妈妈已经带他去了多家医院，他在网上也作过咨询，医生说他得了抑郁症。妈妈不放弃任何拯救他的希望，所以带他来找我做心理咨询。

我详细了解了吉星的症状和求医过程，他如实以告。

吉星今年17岁，上高中一年级，学习成绩中等偏上，但是近两个月以来，他忽然对学习不感兴趣，不想和同学朋友联系，也不想跟家里人说话。他主动辍学了，家人和老师怎么劝他也没用，只好帮他联系在一家餐馆当服务生。最近，有几个同事都找他调班，他连续十多个晚上都值夜班，生物钟紊乱，睡不好吃不好，情绪也越来越糟糕，只好回家休息。每天不吃饭、不说话，连走路的力气都没有了。

妈妈带他四处求医，有的医生说他是思虑过度，导致脾胃不好，需要中药调理；有的医生说他是神经衰弱，开了调节神经的药；有的医生说他

是抑郁症，需要长期系统的治疗。妈妈一时六神无主，不知听谁的才好，中药、西药给他买了一大堆，吉星看着就头大，有时会趁妈妈不注意时偷偷把药扔到垃圾篓里。

虽然这段时间吉星一直沉默不语，但是他明显感觉到家人对他的高度关注。父母离异之后，他跟随爸爸、继母和姐姐(继母的女儿)一起生活。看得出，爸爸和继母生活得不太和谐，继母比较强势，爸爸现在生活得很憋屈；他的亲姐姐被妈妈带走了，妈妈重组家庭后生活得比较幸福。父母刚离婚时，吉星感觉很受伤，甚至怨恨他们。但是现在感觉多一个爸妈和姐姐爱他，两家人都护着他、让着他，也挺自在的。只是不知道为什么突然感觉生活没意思了，干什么都提不起兴趣，也不想出门见任何人。

他承接了父亲骨子里的自卑

了解基本情况之后，我给吉星做了SCL-90的心理测试，并向他解释了得分情况。

吉星的总分是152分，结果显示是心理状态良好。有几项得分偏高，表现为人际关系中度敏感、中度焦虑、中度疑心病等。我对吉星说，他只是在近期内产生了抑郁情绪，并不能判断是抑郁症，让他放松心态。

由于吉星总是沉默不语，我在征得他的同意之后，用沙盘陪伴他探索心灵的困扰。

吉星第一次做沙盘，看着架子上各式各样的沙具，一时无法选择。突然，他的目光落在了一个三人组合的沙具上：男人在比划着不停地唠叨，女人捂着脸把头埋得很低，一个十来岁的男孩捂着耳朵满脸沮丧。他的心像被什么东西触动了一下，毫不犹豫地把这个沙具放入沙盘里。紧接着，他又放了城堡、骑马的武士、豹子、三条蛇和一只青蛙等。

摆完之后，我让吉星认真审视自己的沙盘作品。他的目光再次落到了最先放的沙具上，面部表情有细微而丰富的变化，我捕捉到他内心涌动出委屈、愤怒、恐惧等非常复杂的情绪。我让吉星坐下来，目光温和地看着他说："这个场景你非常熟悉，是吧？这就是你的童年生活？"吉星的眼睛慢慢涌出了泪水。随着对沙盘作品的分享，我逐渐走进了这个少年的内心世界。

吉星看似单纯快乐，内心却是孤单无助。从他记事起，看到爸妈无数次吵架的场景，爸爸经常不停地唠叨，甚至说一些非常难听的话。每当这时，妈妈就捂住脸低着头一声不吭，任凭爸爸的污言秽语像雨点般向她砸下来。有时爸爸骂得实在难听，妈妈就捂住吉星的耳朵把他抱到小卧室里并关上门。有时候妈妈也会出口还击，与爸爸对吵。爸爸被激怒时，还会动手打妈妈。爸妈吵得很凶时，爸爸连他也会打。因此每当看到爸妈吵架，他就吓得躲在房间里用被子蒙着头不敢出来。

那时候吉星太小了，不知道爸妈因何吵架。他10岁那年，妈妈终于忍受不了爸爸像唐僧般的唠叨，与爸爸离婚了。现在他懂事了，知道爸爸其实是个既自卑又自私的男人，虽然做生意也挣些钱，但他非常内向，不爱交际，朋友很少。然而，漂亮善良和能说会道的妈妈却有极好的人缘，经常与朋友们一起玩得很开心。"爱玩、爱打扮、爱花钱"，成为爸爸列举出妈妈的三大罪状。

这只不过是个表面现象，实质上爸爸骨子里埋藏着自卑。吉星爸每天怀疑妻子爱上了别人，活在害怕被妻子抛弃的恐惧里，千方百计找出许多理由证明妻子背叛他，或者指责妻子对家庭不负责，以此显示自己的道德优越感。这是吉星爸对妻子进行情感控制和心灵折磨的方式，吉星妈忍受了多年之后，最终还是和丈夫离婚了。

吉星妈的噩梦醒了，吉星的噩梦却还在继续，因为他被判给了爸爸。妈妈走后，爸爸会把悲伤和愤怒转移到他身上，对他也是唠叨个没完没

了。他唯一能做的就是捂住自己的耳朵，这是他对付爸爸和思念妈妈的方式。他把自己的愤怒、委屈都压抑在心底，变得越来越沉默孤独。

我和吉星共同分析并梳理了他的家庭树之后，吉星终于明白：人们心灵创伤的根源在家庭，爸爸原来也生活在缺爱的家庭。爸爸在兄妹三人中排行第二，大伯自幼聪慧善学，姑姑乖巧伶俐，都深得爷爷奶奶喜爱。唯独爸爸内向木讷，爷爷奶奶都不待见他。爷爷性格严厉，脾气暴躁，爸爸挨打最多。有时错误明明在大伯，挨打的却是爸爸。奶奶是个贤惠和逆来顺受的人，跟着爷爷受了一辈子委屈，60岁不到就因癌症去世了。因此，爸爸的心态很不阳光，也无法和开朗活泼的妈妈携手同行。

父爱陪伴孩子走出心理阴影

吉星现在理解了爸爸，他的唠叨是表达爱的一种方式。妈妈走后，爸爸把爱转移到他身上，这成了他表达爱和证明自己价值的最重要方式。

吉星的吃喝穿戴都是名牌，零花钱也是同学圈里最多的。别人都以为他真的是高富帅，只有他知道，那是爸爸弥补自己情感亏欠的一种方式，并且有与妈妈赌气的成分。因此，当一些女孩追他时，他总是回避。越是这样，越是有更多的女孩喜欢他，但是他对她们毫无感觉。爸妈的婚姻让他看到了太多的伤害，他不希望自己再重蹈覆辙。

吉星现在几乎不想做任何事，也做不了事。他对上学感到很厌烦，看到书本就头疼；上班也很无聊，很讨厌那些言不由衷的应酬，更不想主动和别人打交道；上网、玩游戏也很没意思，时间久了感觉人就成了空壳一样，没有任何思维。最让他烦恼的是，他发现自己非常幼稚，根本无法适应社会。他和爸爸一样不善言谈，交际能力很差，遇事没有主见。他感觉自己像在大海中随风漂泊的小船一样前途渺茫，看不到生活的亮光。

我帮吉星分析了他当前的心理现状：不是他没有前途，而是他故意让自己看不到前途。从表面上看，他是离异家庭的获益者，离婚后的父母加倍地向他补偿缺失的爱，自己受到了前所未有的关注，物质和心灵一时得到极大的满足，因此总是躲在舒服的状态里不想出来。心灵成长是痛苦的历程，舒服只能阻碍成长。不愿意成长是因为他有深层次的痛苦不想触及，于是只能以天真幼稚的状态去屏蔽或逃避，或者说他根本不知道怎样去面对痛苦。

为了帮吉星尽快摆脱原生家庭造成的心理阴影，我要求吉星爸陪他一起来咨询室。通过咨询，爸爸也认识到了自己的问题，转变了对儿子的态度。

首先，爸爸不再无原则地溺爱儿子，开始限制他的零花钱。 爸爸明白了，只给钱的爱只能害儿子，而不会真正让孩子成长。

其次，爸爸不再对儿子唠叨。 爸爸开始尝试与儿子进行理性沟通，找时机帮儿子谋划未来。爸爸劝吉星先打一年工，满十八岁时送他去参军或者送他去职业技术学校，学一项安身立命的技能。吉他这次真正感受到了来自父亲的支持，忽然感觉生活目标明确了，有奔头了，浑身也有力量了。

最后，吉星感受到了爸爸对他的认可和接纳。 他发现爸爸对他的挑剔、指责越来越少，鼓励和赞赏越来越多，他的自信心逐渐恢复起来。以前，爸爸和他谈话时很容易情绪激动，他只能以不说话表达自己的恐惧、委屈和愤怒。而现在，他可以和爸爸心平气和地交换不同意见了。因为，他现在已经能够正视心灵的痛苦并且坦然地接受了。

父爱如山，吉星感受到了来自父亲的爱和支持。他说，这段咨询经历是他青春成长历程中的一个转折点。他看清了原生家庭和自身存在的问题，疗愈了心灵的伤痛，走出了"唐僧"老爸带给他的心理阴影，让他带着对父母的理解和爱，继续开启新的人生航程。

咨询手记：整理这个咨询案例时，我脑海最先跳出来的是那个三人组合的沙具：男人在比划着不停地唠叨，女人捂着脸把头埋得很低，一个十来岁的男孩捂着耳朵满脸沮丧。当来访者沉默不语、咨询遇到阻抗时，这个沙具让我一下子找到了咨询的切入点。

沙盘是来访者内心世界的投射。这个沙具其实就是来访者的家庭雕塑，每个人的姿势、表情、神态鲜明生动，把一家三口人的心理距离、关系组合、内心情感表达得淋漓尽致，来访者在家庭的位置、与父母的关系和内心的感受也鲜活可见。朝着这个点切进去，来访者的内心世界向我敞开，这个咨询才得以顺利进展。

孩子的问题源于父母糟糕的夫妻关系

生命像一个轮回，而影响生命轨迹的那个起点，在于父母的关系和家庭的氛围。父母关系和谐、家庭美满幸福的孩子，如同沐浴阳光的树木，能够健康茁壮成长；父母关系糟糕、家庭战争频发的孩子，如同在风雨雷电中挣扎的小草，成长得非常艰辛。当孩子出现问题时，家长才会觉醒。从改善夫妻关系做起，便是疗愈孩子问题的开始。

1 被父母当"沙包"的孩子

>>>>>>>>>>>>>>>>>>>>>>

导语：阿凡原本是个聪慧有进取心的孩子，却在父母的权力斗争中成了受害者和牺牲品。阿凡的"堕落"是家庭系统出现问题的表征，也是调整父母关系的方式。因此，有问题的孩子必然会追溯到有问题的家长。通过解决孩子的问题，家长才能内观自省，发现自身问题的症结，从而改正和调整自己的思想和行为。从这个意义上说，每一个有问题的孩子都是来拯救父母的天使。可悲的是，阿凡不仅没有被父母当成天使，还被父母当"沙包"推来推去。从本文，我们可以深刻地感受到这个孩子内心的痛苦挣扎。

少年阿凡的"堕落史"

阿凡是被班主任王老师带到心理咨询室的。他长得瘦高，皮肤白皙，头发染成棕色，长长的刘海遮住了眼睛。他挑衅般地看了我一眼，很潇洒地甩了甩头发，目光里满是桀骜不驯。

王老师是一位很有责任心的中年女教师，她从初一就教阿凡，一直跟班教到初三。王老师说，阿凡是她在教学生涯中倾注心血最多的学生，他天资聪明，一学就会，而且极具艺术天赋，是个可造之材。阿凡又是个可怜的孩子。他原来的成绩非常优秀，五年级前总是在年级名列前茅。从六年级时父母就经常吵架，阿凡也深受影响，成绩开始下滑。后来虽然考上了重点初中，却没有了拼搏进取的信心。初一下半学期，父母离婚之后，阿凡的成绩更是迅速下滑，并且开始上网、逃课，成为让老师们头痛的"问题"学生。

王老师简单介绍了阿凡的情况，便离开咨询室去上课了。咨询室里

很静，我能感到阿凡的呼吸变得急促起来，目光闪烁，似乎很害怕面对如此寂静沉默的局面。我从他当下的感受切入，找话题打破沉默。我问他："你能够来到这里，说明你有求助的愿望。你希望我给你提供什么帮助呢？"阿凡忽然神情黯淡地说："我不相信咨询师能够帮到我，因为我已经堕落了，没救了，我对自己也越来越失望了！"说完，便垂下头，眼睛盯着脚尖，再也不说话了。

听到阿凡给自己贴了一个"堕落"的标签，我的心揪了起来，看着这个帅气又叛逆的男孩，着实为他感到惋惜。沉默许久，我用激将的语气问他："能说一下你'堕落'到什么程度了吗？"听到我这样问他，阿凡有点小小的诧异，再次潇洒地甩了甩头发，开始讲述他的"堕落史"。

阿凡说，他真正的"堕落"是从初二上学期开始的。那时，父母离婚不久，他的抚养权归爸爸所有。他没想到妈妈竟然狠心地把他交给爸爸，因为妈妈明明知道他和爸爸感情很淡。爸爸离婚后就不断地找女人，有时候还会带女人回家过夜。他对爸爸带回来的女人一律不理不睬。他恨妈妈，更恨这些女人。他隐约感到，爸妈离婚是因为爸爸在外面找了"小三"，就是这些女人把他家弄散了。因此，他总是给爸爸带回来的女人制造许多麻烦，还让妈妈来闹，让她们不得好过。爸爸因此没少打他，但他并不屈服。

有一次爸爸带回家一个女人和一个五六岁的小女孩，对阿凡说要让母女俩住在家里，以后就是一家人了。阿凡立即明白，老爸是要娶这个女人给他当后妈。他坚决不同意，当场对爸爸说："你要敢娶这个女人，我就永远不回家了！"爸爸气极败坏，把他一下子推倒在地，说："你爱回不回，滚得越远越好，别耽误老子的好事！"阿凡当即收拾东西，离家出走。那次，他在网吧泡了两天两夜，还结识两个小混混。他们对阿凡"亲如兄弟"，带他逛夜店、泡网吧、抽烟、喝酒、看黄色录像等。从此，阿凡就像脱缰的野马，再也不能安心学习了。

近朱者赤，近墨者黑。阿凡正处于青春叛逆的年龄，缺乏家庭的正确引导，两个小混混却以哥们儿义气引诱他脱离学校管束。于是，阿凡开始和他们同流合污，穿奇装异服、谈恋爱，还参与打架斗殴。如果不是班主任王老师苦口婆心地劝导他，或许他早就被学校开除了。

最后阿凡说："没人看到我，只有王老师看得见我，我不能再让她伤心，所以才同意来咨询的。"我忽然明白了阿凡的内心：原来所有这些"堕落"只是表面现象而已，其实他只是想让别人"看到"他！

他觉得自己是多余的人

阿凡为什么那么渴望被看到、被关注呢？这要追溯他的人生经历才能知道。在第二次咨询时，我开始了解阿凡的原生家庭和成长历程。

阿凡说，在他小学五年级之前，父母两地分居。爸爸两三个月才回来一次，每次都是来去匆匆，因此他和爸爸感情不深。阿凡和妈妈一起过着平凡、平静的生活。六年级时，爸爸回来了，却经常和妈妈三天两头吵架。妈妈总是哭得声嘶力竭，对爸爸有种种的抱怨和指责。爸爸脾气火暴，被骂极了就会动手打妈妈，这时候妈妈总是拿阿凡做"挡箭牌"。有时候，爸妈吵得实在厉害，他夹在爸妈中间左右为难。而爸妈只顾争吵，根本没有关注到他的感受。

最可怕的是爸妈离婚前那天晚上的场景。他本来在房间里做作业，就听见爸妈激烈争吵的声音，开始是妈妈愤怒的叫嚣，接着听到爸爸的狂吼、杯子摔碎的声音和噼里啪啦的打斗声，然后就是妈妈的嚎哭和叫骂。他捂住耳朵，吓得瑟瑟发抖。不一会儿，妈妈急促地敲门，哭着说："阿凡，快出来，你爸快把我打死了！"他只得硬着头皮出来。爸爸看他出来，便狠狠地瞪了妈妈一眼，坐下来生闷气。妈妈看到阿凡出来，又转向

爸爸挑衅说："有本事你今天打死我，打不死我，明天就去离婚！"爸爸忽然站起来，冲上去揪住妈妈的头发又要打。阿凡立即抱着爸爸的胳膊，恳求爸爸不要打了。爸爸使劲甩一下胳膊，把他甩倒在地上，转身对着妈妈大声吼道："离婚，赶快离婚，我啥都不要，净身出户，再也不想看到你了！"说完转身就要走。妈妈却一把拉住爸爸说："你不能走，说清楚再走。阿凡归你，房子归我。"爸爸气呼呼地说："我没房子咋带孩子？"妈妈说："我养儿子十多年了，该轮到你养了！要不，你一个月给我两千元抚养费，一分钱都不能少！"爸爸咬牙切齿地说："你说咋办就咋办，只要离婚，让我睡大街都行。"说完便摔门走人了。

阿凡说，当时他真感觉自己是父母的累赘，想有个地缝钻进去。阿凡一夜未眠，他想了很多，觉得自己是多余的，他不该来到这个世上，毫无存在的价值感，再也没有学习的动力了。

接下来发生的事，更是强化了他这些思想观念。爸妈很快办完了离婚手续，房子留给了妈妈。他和爸爸开始打游击，有时候住爸爸单位，有时候住奶奶家里。奶奶爱唠叨，一回家就抱怨爸爸、指责妈妈。每次吃饭，奶奶都会叹息着说："我真是命苦啊，老了还得伺候人，你还是回家跟你妈一起住吧，不能让你妈躲清闲！"阿凡心里很不是滋味，感觉自己像"沙包"一样被丢来丢去，没有人真正愿意收留自己。

后来爸爸终于租了一室一厅的房子，爷俩儿勉强有了安身之所。可是爸爸却不时领别的女人回家，于是他就又成了碍手碍脚的多余者。阿凡想不通："爸妈既然不想要我，为何要把我生下来？我真是多余的吗？"

孩子不是父母要挟对方的筹码

作为心理咨询师，我深知所有的症状只是不良关系的表征罢了。阿凡

的诸多"堕落"行为是他的生存环境出了问题，是为了调整混乱的家庭关系而存在的。只要让他的父母认识到问题的严重性，重建良好有序的家庭关系，阿凡的问题就会自然而然地得到解决。

我从王老师那里了解到，阿凡的父母其实还是很关心孩子的，只是他们之间的感情纠葛太深了，双方都会拿孩子作为要挟对方的筹码。无知无明的父母，伤害了孩子却还浑然不知。于是，我决定在王老师的帮助下约谈阿凡的父母。

我先约谈的是阿凡妈妈。虽然离婚快两年了，但她并没有从离婚的情绪中走出来，内心仍然压抑了很多的愤怒、怨恨和委屈，并对这段失败的婚姻仍有诸多不解。我首先倾听她诉说了委屈，帮她宣泄了积压内心的负面情绪，然后帮她分析了婚姻失败的原因和对孩子造成的伤害。经过两次咨询，她化解了对丈夫的怨恨，开始内观自省。原来认为是自己掌握了"真理"，现在才发现自己也存在着很多错误，她对自己的错误言行后悔不迭，尤其对孩子深感愧疚。

阿凡妈说，以前每次受气，就把孩子拉出来给她撑腰壮胆，现在才知道给孩子造成了很大的心灵创伤。其实她并不想离婚，当时她选择不要孩子，只是想难为一下丈夫。没想到丈夫竟然真的选择了离婚，这让她感到非常愤怒和羞辱。当孩子跟爸爸生活之后，她便把这种恶劣情绪传导给孩子，让孩子给她通风报信，只要前夫接近女人，她都要去闹腾一番。孩子讨好了妈妈却得罪了爸爸，因此经常挨打。她说："我根本就没有考虑过孩子的感受，只是想着怎样利用孩子对付老公。我真的不配当妈。如果人生能够重来，我一定不会这样对待孩子。"阿凡妈妈再次泪如雨下。

阿凡爸爸始终不愿到咨询室面谈，他只同意在电话里交流。我表示理解他经历的一切，并向他反馈了阿凡和他前妻的现状及思想变化过程，帮他分析了离婚的原因和阿凡出现叛逆行为的心理动机。在四十多分钟时间里，我们交谈得很顺畅。他悟性很高，很快明白了问题的症结所在。他坦

诚地说，原生家庭和成长经历造成了他脾气暴躁、不会表达情绪、遇事容易极端化等，尤其是对待儿子的态度不够理性，情绪失控时殴打儿子，给儿子造成了伤害。甚至自己还存在着破罐子破摔的思想，这对儿子也造成了不良影响。他表示，会尽快找时间给儿子道歉，同时原谅儿子所犯的错误，以后要尽量控制情绪，多和儿子沟通，陪伴儿子度过青春叛逆的敏感时期。

在明确了阿凡父母的态度之后，我评估了阿凡的社会支持系统。王老师一直是阿凡可信赖的人，有王老师不弃不离的引导和帮助，有父母回心转意之后的关爱，我对阿凡的转变充满信心。

虽然阿凡的父母没有表示要复婚，但是双方已经达成谅解、相安无事，并各自都对儿子表达了关心和爱护。王老师更是对阿凡不断地鼓劲和谈心，引导他慢慢地脱离小混混们的不良影响，逐渐恢复学习信心。

目前，阿凡正在全身心投入到备战中考之中，成绩已经提升到了班级前二十名。王老师说，阿凡的基础知识扎实、悟性又高，只要不再受干扰，考重点高中还是大有希望的。这个曾经被当作"沙包"的孩子，说不定将来还会成为家庭的骄傲、国家的栋梁呢！

咨询手记：对于这个案例，我是采用系统式家庭治疗的视角处理的。当了解了阿凡的问题之后，我并没有把着眼点放在阿凡本身，而是着眼于他的整个家庭系统，观察整个家庭的关系动力。每个人都是社会群体中行动着与反应着的成员，所有的心理体验，既取决于内部，也取决于外部。阿凡感觉自己是多余的，这是他的心理真实。虽然他的父母内心认为是爱孩子的，但是家庭环境和氛围却让阿凡感受到自己是不被爱、不被关注的、多余的、无价值的。

原生家庭对每个人的成长都有着非常重要的影响。阿凡的父母之所以经营不好夫妻关系，也有受原生家庭影响的因素。但是他们对此并没有清

晰的认识和觉察，而是糊里糊涂地带着原生家庭的伤痛走进婚姻，结果是经常吵架、打架，把能量都消耗在彼此的争吵上，没有能力照顾好孩子，甚至根本没有作为人父人母的角色定位。他们只顾争吵，却忽略了被吓得瑟瑟发抖的儿子；他们吵架时从来不回避孩子，妈妈还拿孩子当"挡箭牌"；他们离婚时把儿子当"沙包"一样推来推去；他们离婚后把儿子作为要挟对方的筹码……这些都不是孩子的错，错在家长的无知无明。

夫妻关系是家庭的定海神针。如果不能经营好夫妻关系，那么孩子是首当其冲的受害者。只有经营好夫妻关系，幸福的家庭生活才会有坚实的基础。

② 父母离婚让他的内心世界坍塌

导语：在2015年的"6.26"国际禁毒节，金虎在强制戒毒所接受了我的公益心理援助，由此我才走近了这个吸毒少年的内心世界。他正值17岁的金色年华，却因家庭教育的缺失、学校忽视其心理疏导、在社会上交友不慎受到不良影响，使原来好学上进的他走上了吸毒道路。金虎的心路历程告诉人们：父母的陪伴鼓励是温暖和支撑孩子一生的力量！

孤独留守的日子他"很乖"

他曾经和村里的许多孩子一样，被称作"留守儿童"。

他出生在豫西一个偏僻的小村庄，因为他是属虎的，所以爷爷给他起名叫金虎。从他记事起，爸妈就在珠海打工，他跟爷爷奶奶和二叔生活在一起。二叔是个智障患者，经常被一群孩子追着嬉闹，他只会傻笑。

金虎没有上过幼儿园，6岁直接到邻村上小学。他从小很听话，学习用功，每学期都被评为三好学生。因为奶奶说，他学习好了，爸爸妈妈就会高兴，就会工作得更好，就可以早点挣够钱在城市买房子，就可以尽快把他接到城市里上学。金虎向往城市生活，更希望能早日和爸爸妈妈生活在一起。因为有这个美好的心愿，他把对爸妈的思念转化为学习的动力。

农村生活实在太无聊了。爷爷在村里帮别人干活，奶奶要忙家务，没有人和金虎聊天。他的心事家人不懂，因此在家他很少说话。实在无聊时，他就和二叔玩。虽然二叔有点傻，但对他很亲，金虎对二叔也很依恋。

一天放学，二叔到村头去接金虎。走到村口时，五个男孩恶作剧，趁二叔不注意，把他的裤子拉下来，故意让他出丑。二叔气得眼睛通红，跳着脚哇啦

哇啦直叫。他们人多势众，金虎怕二叔吃亏，就拉他回家。谁知道那帮孩子商量好了，分成两拨，两人故意把二叔引开，另外三人围住金虎拳打脚踢，把他打得鼻青脸肿。然后，领头的高个男孩吹一声口哨，五个孩子撒腿就跑得没影了。

回到家，奶奶看到金虎脸上的伤，认为他又是去淘气了，不容分说就开始指责他。说他不争气，惹是生非，还要打电话让他爸爸回来收拾他……金虎本来想让奶奶找那几个孩子的家长给他出气的，现在反倒落这么多埋怨，他气得晚饭都没吃，哭了很久。二叔一直坐在一边陪着他，但是二叔不能帮他出气。晚上，金虎梦到爸爸妈妈回来了。妈妈把他抱在怀里，心疼得掉眼泪。爸爸找到打他的几个男生，把他们揍得满地找牙，还让他们保证再也不欺负他，他在梦里笑醒了。

金虎的爸妈每年会在收麦子时和春节回来，冷清的家里一下就热闹起来。爸妈看到他得的奖状贴满了堂屋的东墙，都高兴得合不拢嘴。爸爸给他带许多玩具和学习用品，并教他怎么玩。妈妈会把他抱在怀里，夸奖他说"好儿子，你真棒！"金虎感觉这是世界上最动听的声音，心里是满满的幸福。然而，相聚的幸福总是很短暂，每一次的分离都刻骨铭心。他甚至感觉像做梦一样，梦一醒爸爸妈妈就又不见了。

三年级上学期，奶奶不小心摔伤腰住了院，医生说要休养两三个月才能好。金虎不忍心再拖累奶奶，就给爸妈写信，表达希望和他们在一起生活的愿望。于是三年级暑假之后，爸妈就把他接到了珠海去上学。

缺少爱和认同让他误入歧途

金虎终于来到了繁华的城市。爸爸托人把他安置附近的一个小学就读，条件比农村学校好太多了。他继续努力学习，想争口气回报父母的爱。但是，他发现自己在这里并不快乐。老师根本不关注他，每次上课他都举手，老师却很少让他回答问题。同学们有时会学他说河南话开涮，有

时还会故意捉弄他或欺负他，让金虎心里很不高兴。

都说远了亲、近了怨。原来做梦都想和爸妈在一起，但是现在却感觉爸妈像个陌生人，彼此都不适应在一起的生活。爸妈看不惯金虎的许多生活习惯，总是挑毛病，批得他一无是处。当金虎在学校受委屈时，很想给爸妈说说，但是爸爸每天忙得不着家；妈妈根本不听他说，动不动就教训他，要他和同学们搞好关系，要他用功学习之类，唠叨得没完没了。久而久之，金虎回家也不说话了。他很想念二叔，二叔虽然傻，却会默默地陪伴他，当他流泪时，二叔会用粗糙的手帮他擦干眼泪。

更让金虎伤心的是，他发现爸妈的关系不好。他们经常吵架，有时候爸爸会一周不回家，妈妈经常一个人沉默不语，或默默流泪，或对他突然发火。他在家总是小心翼翼，生怕惹妈妈生气。

小学阶段，金虎的成绩勉强可以，顺利考上了初中。本想换个环境，心情会好一些。但是他发现自己依然得不到老师和同学们的关注和尊重。深深的自卑折磨着他，感觉在城市里生活得一点也不幸福，很想回老家。但是爷爷奶奶老了，照顾不了他了。他感觉生活很没有意义，情绪越来越坏，一点小事就可能激怒他，他和同学发生冲突的次数也越来越多。

初二下学期，金虎打饭时和同学发生了口角，那位同学骂他乡巴佬，他一下就被点爆了，把一碗汤直接泼到对方的脸上。对方追到餐厅外面打他，他们互殴起来，都挂了彩。后来，金虎用碗把同学的头砸破了，鲜血直流，他这才住了手，怒气冲冲地跑回了教室。

老师责令金虎回家请家长，给那位同学看病。他申辩自己没错，老师给金虎爸打了电话。爸爸看到他便火冒三丈，二话不说就给他一记响亮的耳光。那时候，他恨爸爸、恨老师、恨那个骂他的同学，恨整个世界，他已经忍无可忍了。他佯装跟爸爸回家反省，趁家里没人偷拿了妈妈的钱，买了回河南的火车票。他想去少林寺拜师学武术，收拾那些打过他的人。

但是，金虎还没有上火车就被爸爸找到，并被拖回了家。这次爸爸没有再打他，而是让妈妈寸步不离地看着他，劝他返校上学。虽然一周后他

又上学了，但是爸妈的关系似乎从此更加恶化。爸爸有几次喝醉酒把家里的东西都砸了，还打妈妈。金虎几乎每天生活在父母的吵闹声、妈妈的哭泣和抱怨声里。初中毕业那年夏天，金虎的爸妈终于离婚了。他和爸爸继续留在珠海，妈妈独自一人回到了河南的姥姥家。

爸妈离婚后，金虎的世界坍塌了。他天天偷偷跑出去泡网吧，结识了一些社会小混混，跟着他们学会了抽烟、喝酒、打架。虽然他只有16岁，但是已经长到了一米七九，打架特别狠，他要把以前受欺负的委屈全都发泄出来。老大说他讲义气，值得当成兄弟，平时对他非常关照。金虎在这个团体里找到了欣赏和认同，感觉帮朋友出头打架很有价值感。因此，无论爸爸软硬兼施，他就是死不回头。那时金虎正值青春逆反期，爸爸越管他，他越和爸爸对着干。最后干脆不上学了，一离家出走就两三个月，感觉闯荡社会很酷。他完全在灯红酒绿之中迷失了自己，找不到回家的路。

有一次金虎喝多了，感觉头疼，一个外号叫"眼镜蛇"的大哥拿出锡纸包着的白粉，让他尝尝，说是能够解酒治头疼。他当时就意识到这可能是毒品，但是在"眼镜蛇"的劝导下，他还是抱着好奇心"品尝"了毒品。白吸了三次之后他就上瘾了，每天缠着"眼镜蛇"要吸白粉。但是天下没有免费的午餐，他得事事处处听"眼镜蛇"的指挥，打架、盗窃……一年多的青春时光就这样被荒废过去。

终于有一天，金虎和"眼镜蛇"正在宾馆里吞云吐雾时，被警察带走了。

唯有爱才能让迷失少年回归

在高墙之内，金虎感到很绝望。警察不断地劝导他，让他下决心戒毒，重新振作起来。警察说服金虎爸送他到强制戒毒所，还让他和妈妈通了电话。妈妈一直在哭着向他道歉，说不该把他丢下不管。他感觉这些话很苍白，他似乎对任何事都麻木了，虽然才17岁的年龄，心却沧桑成百岁老人了。

　　金虎被送到了强制戒毒所之后，重新过上了有规律的生活，每天出操、训练、读书。开始一段时间，他的情绪很低落，就像个木偶人，做任何事都完全是没有灵魂的机械操作，脸上没有任何表情。

　　警察对金虎进行一对一的帮教，还找了专职的心理辅导员对他进行心理疏导，帮助他修复心理创伤。在警察的耐心劝导下，金虎的爸妈每月都来看望他。爸爸第一次探望他时流泪了，说起他小时候可爱懂事的样子，说自己在外奔波的辛苦，说自己所承受的压力和委屈，说他满世界找儿子的辛酸和无助，说他对儿子的希冀和期望……爸爸说了整整半小时，金虎始终没有说一句话。但是在内心里，冰冻的情感开始融化了。妈妈每次来看他都哭得让他心碎。她说，离婚后死的心都有，当时没有能力抚养儿子，更没有能力让儿子受好的教育。如果早知道儿子会走上吸毒这条道，就是拉棍要饭也要把他带在身边。爸妈都希望金虎能够重新开始，都愿意陪伴他改过自新。

　　夜深人静时，金虎开始人反思自己17年的人生经历。那个听话懂事、受人称赞的小男孩，那个自卑、伤心、压抑着满腔愤怒的少年，那个混天度日、玩世不恭的小混混，在他的脑海里轮番出现，他不知道哪个是真正的自己，也不知道生活的意义。想起爸爸的期待，妈妈的忏悔，年迈的爷爷奶奶，还有曾经给过他温暖的二叔，以及那些真心帮他的警察叔叔，他的心里突然涌动着一股暖流，内心迸发出这样的声音："这个世界上还有那么多关心我、牵挂我的人，人生还有那么多值得我去做的事，我有什么理由自暴自弃呢？况且我才17岁，完全可以重新开始！"

　　想通了这些，金虎的精神面貌焕然一新。他开始改变自己，每天制订学习计划，定时锻炼身体，经常到图书馆借书阅读，晚上写读书笔记和感悟。他不断受到教官的表扬和鼓励，戒毒的信心更足，改变自我的劲头更大。强制戒毒一年半之后，金虎完全摆脱了毒品的控制，并且提升了道德修养，增长了文化知识。

　　从戒毒所出来那天，爸爸妈妈一块来接金虎了。他主动去拥抱了爸

妈，一家人第一次拥抱在一起。妈妈对他说："我和你爸正要复婚，为了你，我们再也不吵架了！"爷爷奶奶都老了，二叔也需要人照顾。爸爸利用在外打工攒的钱在镇上开了个饭店，生意很红火，关键是一家人能够在一起。是啊，没有什么比一家人能够在一起更重要、更幸福的了。

金虎也有自己的人生规划：上职业技术学校，学一门技能，开启新的人生。他相信自己能够做一个关心家庭、关爱他人、有益于社会的人，因为他获得了亲情给予的温暖和力量。

咨询手记：我对金虎的心理援助仅仅做了一次，主要是倾听他从"留守儿童"到"吸毒少年"的心路历程。之后，我又通过几次电话回访，了解他生理和心理戒毒的进程。得知他成为戒毒成功的典型，顺利回归了家庭，我悬着的一颗心才落下来。金虎能够开启新的人生，源于他接受到了来自家庭、社会的爱和支持，这其中渗透着戒毒所民警和心理辅导员的诸多努力和艰辛。

之所以把这个案例拿出来，因为金虎的心灵轨迹是中国留守儿童的生活缩影。我们每个人都置身于爱的长河里，而父母之爱是起点，是一个人内心力量的源头。父母不仅仅要给孩子物质条件的满足，更需要给孩子爱和温暖，而且要给孩子示范如何相爱。当金虎带着对父母之爱的期盼留守农村时，他会把思念转化为学习的动力；当他回到城市却感受不到父母之爱时，他感到压抑和痛苦；当他看到父母争吵打斗的场景时，他对这个世界充满了绝望；当父母离婚时，他的内心世界瞬间坍塌，他向上的动力也瞬间消解了。于是他的人生急转直下，靠毒品麻醉自己，拿青春赌明天。

金虎的父母并不是不爱他，只是不懂得表达爱和传承爱。其实，家庭教育的实质是教会孩子感受爱的能力和回应爱的艺术。因此，学会表达爱和传承爱是每位家长要做的功课，学好了，孩子和自己都受益；学不好，问题不断、后患无穷。希望以此案例唤醒那些尚未觉醒的家长们。

③ 妈妈婚姻不幸让女儿患上"厌食症"

导语：左妮正值如花的年龄，却因得了厌食症而瘦得形销骨立，学习兴趣减退，对人生丧失信心。女儿出问题，根源在父母。左妮妈在心理咨询师的指导下，用深深的母爱把即将枯萎的女儿从死亡线上挽救过来，让她重新拥有了鲜活的生命和亮丽的青春。让我们跟随左妮妈陪伴女儿接受心理咨询的过程，感受她从焦虑不安到充满希望、从婚姻失败后寄希望于女儿到独立成长的心理轨迹。

她感觉吃东西是一种罪恶

一个周五下午，我接到一位女士的电话："我女儿得了厌食症，瘦得不成样子。我怕再这样下去，她就活不成了。请您帮帮我，救救我女儿吧！"电话那头的声音急切而充满期待。我和她约定周六上午带女儿一起来做心理咨询。

孙女士带着女儿左妮如约而至。左妮长得瘦高，面色苍白，一副弱不禁风的样子。第一次咨询，我了解孙女士和女儿的基本情况之后，让孙女士在休息室等候，重点了解左妮的成长过程、心理体验和精神状态。在建立了互相信任的咨访关系之后，左妮表示愿意向我倾诉心中的烦恼，言语中还带着90后女孩的小幽默。

"我刚刚17岁，正上高二，可是我感觉自己已经活得很久很久了，因为我生活得一点都不快乐。从我记事起，爸妈总是吵架、打架。我爸在一家企业上班，经常出差、应酬。我妈在一家事业单位上班，生活很有规律。听我妈说，她年轻时长得很漂亮，身材苗条，着装时尚，气质也好，她和爸爸非常相爱。

"但是自从生下我之后，妈妈就开始发胖了，忙于工作和照顾我，不再注重着装打扮了，最大的爱好就是烹制美食。我妈是地道的'吃货'，下班没事，就自己在家捣鼓食谱，想办法让爸爸和我吃得好。可是，我爸应酬实在太多，根本没机会吃她做的美食。我年龄太小，也吃不了多少，最终还是她'自食其果'。

"我想妈妈可能太寂寞了吧，为了吸引我爸回家吃一顿饭，她不惜花费半天时间煲一锅粥。可是我爸总是失约，妈妈生气，就逼着我和她一起吃她精心做的美食。就这样，我妈像吹气球似的发胖，体态都变形了，丝毫找不到她所描述的曼妙风采，我爸回家的时间就更少了。后来，他们就开始吵架、打架。我妈说，我爸有了外遇，她'一哭二闹三上吊'的招儿全用上了，可是她越闹，我爸就越不回家。她没辙，只好心思都放在我心身上，对我严加管教。"

"你是从什么时候感到厌食的？"我引导左妮继续说下去。

"从15岁，上初三的时候。初二下半学期时，我爸妈终于离婚了。其实我早盼着父母离婚，这样至少可以清静一些。以前他们吵架时，我哭着求他们别吵了，不但没效果，他们还会迁怒于我，把我打一顿。后来，他们再吵架时，我就躲在屋里不出声。

"爸妈离婚后，妈妈把全部希望都寄托在我身上，也把全部的爱倾注到我身上，每天变着花样给我做好吃的，使正处于青春发育的我迅速发胖。妈妈明知道我这样吃下去会越来越胖，但是她仍然控制不住做美食给我吃。

"在初三上学期的一次体育课上，测试800米长跑，我跑不到一半就气喘吁吁，同学嘲笑我像一头笨猪。曾经对我非常崇拜的男生也对我投来了厌弃的目光，这让我联想起爸爸看妈妈时那种嫌弃和厌恶的眼神。从此，我开始不想吃饭。即使妈妈逼着我吃，我也趁她不注意时，偷偷地跑到卫生间用手抠喉咙，把食物吐出来。后来我对吃饭越来越反感、恐惧，食物吃进嘴里后，就会感到非常恶心、想吐、有负罪感。"

不想重复母亲的悲催人生

第二次咨询，我耐心倾听了孙女士压抑心中的痛苦。

"自从我离婚之后，感觉女儿是我活着的唯一希望。她乖巧可爱，学习刻苦，成绩优秀。为了让女儿有足够的营养，我就变着法给她做好吃的。但是我渐渐发现女儿越来越不爱吃饭，特别是上初三之后，对着餐桌上我精心为她做的饭菜，只吃几口就说吃饱了。我觉得她有点不对劲，但是想到她面临中考，可能是学习压力大，偶尔吃不下饭也是正常的。所以，只是嘱咐几句，并没有当回事。"

"你是什么时候真正发现她厌食的？"我问她。

"中考之后的那年暑假。考试完了，别的孩子都出去旅游、找同学玩、报辅导班等。可是左妮啥也不想做，整天宅在家里不出门，而且不吃饭，身体越来越瘦。我还发现她吃过饭就会赶紧进卫生间，接着就听见呕吐的声音。我问她是咋回事。她说就是不想吃饭，吃了食物就要吐出来。直到有一次，我在卫生间里发现她呕吐到胃出血，才感到事态严重，赶紧带她到医院看病，医生诊断结果是她得了厌食症。"

"既然有诊断，为什么不赶快治疗？"我接着问。

"我当时听医生说厌食症时，觉得很陌生，也没觉得这种病有多可怕，不就是吃饭的事吗？不肯吃，我想办法让她吃饭不就行了！我怕她吃油腻的反胃，就每天只给她煲汤、熬粥、炒素菜，看着她吃下。但是她仍然拒绝吃，实在被我逼得紧，她就吃上几口，趁我不注意就全部吐掉。如果我继续逼她进食，她就会用恶毒的话攻击我，说我活该离婚，她才不想做个像我这样没人要的肥婆。我气得两眼泪花，可是我舍不得打她，因为她已经瘦得让我心酸。她1.60米的个子，原来117斤，现在才70多斤。她上高一时，月经就紊乱了，当时我不明白啥原因，还带她看了中医。现在三个多月没来月经了，明明瘦得不成人形，却还要减肥。

"因为心疼女儿，我用尽了这些年练就的所有厨艺，花心思做好每顿饭，想让她多吃点，可是她每天只靠最少量的食物和水维持基本生活。出于无奈，我想送她到医院进行强制进食。她却拿着刀，拼死抵抗。她声泪俱下地跪着求我：别再逼她进食。我不愿意放弃，常常在蔬菜里夹一点点鱼肉，试图给她补充点营养。但是我必须小心翼翼，总觉得背后有一双眼睛。现在，女儿成了我的心头刺，扎得我心口滴血、痛苦万分。"

第四次咨询时，我帮孙女士分析了厌食症及女儿患病的原因。

我告诉孙女士，厌食症是由于怕肥胖、情绪不稳定等原因而过分节食、拒食，造成体重下降、营养不良甚至拒绝维持最低体重的一种心理障碍疾病。患者约95％为女性，有意控制进食，采取过度运动、诱吐、导泻、服用药物等方法以减轻体重，并不觉得自己有问题。可能会导致闭经、子宫死亡，甚至自杀。

"我女儿为啥会得这种病呢？"孙女士不解地问。

我对孙女士做了详细解释，让她明白，女儿得厌食症的主要原因在她离婚后的情感转移和过度控制的教育方式。

孙女士与丈夫关系不和谐，导致家庭争吵不断。这对左妮心理有很大的影响，让她没有安全感。孙女士从小对左妮管教太严，甚至有点苛刻，让女儿有了完美主义的倾向，这就很容易导致强迫症。左妮想用乖巧懂事和优异的学习成绩取悦于妈妈，也想得到别人的肯定，这就养成了她对自身要求过严的行为习惯和特点。当左妮得不到肯定时，就变得不接纳自己。特别是在青春发育期自我意识强烈的情况下，因为身材肥胖遭遇同学们的嘲笑后，引起左妮情绪上的剧烈波动，诱发她童年时的痛苦和对妈妈命运的对比联想，感到如果不减肥，也会得不到爱。渴望爱与得不到爱的思想冲突越激烈，她减肥的信念就越坚决。后来，当妈妈逼她进食时，她的强烈反抗，既是青春期逆反心理的表现，也是强迫心理的表现。左妮一旦开始减肥，就像掉进一个黑洞之中，再也回不去了。她并不是身体疾

病，而是心理出了问题，这与她所处的家庭环境有很大关系，特别是妈妈在离婚后，把全部精力都放在女儿身上，对她管教过严，且对她的情绪和心理关注不够，都是导致她产生厌食的原因。

妈妈先须自救才能拯救女儿

"我女儿还有救吗？只要能让左妮吃饭，让我做什么都行。您一定要想办法救救她，没有她，我也活不下去了！"孙女士两眼含泪地说。

我温和地告诉她："能救你女儿的只有爱，真诚而持久的爱！你需要陪伴女儿与厌食症进行长跑。治愈厌食症要从治愈心理问题开始！"

我结合孙女士母女的现实状态，给她们做了一系列的心理疏导和行为调整。

首先，引导孙女士从自救开始，改变自己的生活状态。通过梳理她的婚姻状态，引导她不要总是带着对丈夫的怨恨生活，不把全部的精力都放在女儿身上，而要把精力和时间花在自我成长上。母亲是女儿的示范，母亲生活得不幸福，女儿将来也不会成为幸福的女人。母亲只有把自己的生活打理得井然有序，把身体、心理都调整得阳光健康，才能够影响和带动女儿过上幸福快乐的生活。因此，孙女士开始给自己制订健身计划、参加学习班提升自己，内心的力量开始生发，生活也变得明媚了许多。

其次，引导孙女士改变爱女儿的方式。无论之前母女关系多么紧张，现在她了解了女儿患病的真正原因，就要开始慢慢走进女儿的内心世界，为自己曾经"错爱"的方式向女儿道歉，关注女儿内心真正的需求，用女儿需要的方式去爱她，让女儿感受到亲情的温暖和爱的力量。

最后，引导左妮母女接纳疾病和不完美的家庭。母爱是治愈女儿的一剂良药，只要妈妈和女儿一起面对困难，重新唤起女儿对人生充满希望，

女儿才能有信心改变自己。同时，还需要适当的药物治疗和心理辅导，以此促进左妮治愈厌恶症的进程。

任何一个母亲在孩子的生命受到威胁时都不会轻易放弃，更何况与女儿相依为命的孙女士，她自我改变的能动性让我感到吃惊，也让我感受到母爱力量的伟大。

除了药物治疗，我还和孙女士商定了系统的心理辅导方案。历时三个月的心理矫正过程中，孙女士风雨无阻，按时按点，积极配合。每到左妮进食有一点点进步，都给予她及时肯定，同时通过转移她的精力、让她学会接纳自己的不完美等，使左妮的精神状态发生了很大的变化。

两个月之后，左妮已经能够从理性上认识到节食的危害，并且控制住自己进食之后不再呕吐；三个月之后，能够主动进食。又经过两个月的巩固，现在左妮基本摆脱了厌食症的困扰，能重新享受到吃饭的快乐了。

咨询手记：在这个案例中，我没有直接把关注点放在左妮的症状上，尽管赵女士一开始的电话求助显得非常急切焦虑，我仍然把左妮的问题放在家庭系统里进行考量，首先评估她和妈妈对厌食的不同反应，探索引发她产生病症的秘密动力。

当我把探索的目光触及左妮的原生家庭时，发现了妈妈因为婚姻不幸福，把太多的负能量传递给女儿，而且把所有关注点都放在女儿身上，却忽略了自身建设。左妮的厌食是对母亲过度控制的一种逆反，也是害怕自己将来会重复母亲生活方式的一种潜意识反抗。

探明了原因，对症下药就顺理成章了。想解决左妮的厌食症必须让她明白一个事实：自己是可爱的、是值得被爱的。当左妮能够全然地接纳自己和坦然接受母爱时，她的心理和生理都会得到全新的调整，症状也会自然而然地消失。

4　少年做着拯救家庭关系的"英雄梦"

导语：16岁的少年仝迪有一个想当外交官的梦想，却又有紧张时说话结巴的毛病。理想和现实的反差、内心的矛盾冲突时常折磨着他。随着心理咨询的逐步深入，发现这个文静的少年始终藏着拯救不和谐家庭关系的英雄梦。当他的英雄梦被现实击碎时，少年会产生怎样的心理困扰？他又会怎样平衡内心的矛盾与冲突呢？让我们随着心理咨询的进程走近他的内心世界吧。

口吃男孩一心想当外交官

今年16岁的仝迪，是高中一年级文科班的学生，瘦高而文静。他的性格很矛盾，有时候外向，沟通能力和语言表达能力都比较强；有时候性格内向，一说话就紧张，一紧张就结巴。仝迪非常讨厌自己的矛盾性格，这种性格经常让他陷入自我怀疑和自我困惑的痛苦之中。

仝迪从小就有一个梦想：将来当一名外交官。这成为他精神世界的支撑，也是他学习的动力。因此，他学习一直都很努力，成绩始终名列前茅，顺利高考上了市重点高中。他喜静怕动，阅读是他最大的爱好。平时喜欢看历史书、国际评论之类的文章，最喜欢读春秋战国时期的纵横家展开外交攻势，合纵连横，说服交战国罢兵和解的故事。尤其对张仪、苏秦达到了顶礼膜拜的程度，对他们的事迹百读不厌、如数家珍。

为了实现当外交官的梦想，仝迪喜欢上了演讲与口才，希望自己能够有出口成章、舌绽莲花的才能。但是他从小就很胆小，身体瘦弱，还有点口吃，这些都让他非常自卑。尽管如此，他想当外交官的梦想仍然如影随

行。初二暑假，他缠着妈妈给他报了演讲与口才培训班。经过一年多的系统训练，仝迪的语言表达能力提高了不少，性格也逐渐变得开朗起来，他会主动参与一些集体活动，还主持过一次班会，与同学之间的沟通交流也顺畅了。初三下半年，他的状态渐入佳境，人际关系和谐，学习效率高，每天都是精神饱满，因此他的中考成绩非常优秀。

仝迪感觉自己离梦想越来越近了。2015年9月，他被分到了重点班，满怀信心地开始了全新的高中生活，但是在学霸云集的班级里，仝迪发现自己毫无优势可言，尤其是在那些沟通能力强、爱好广泛、拥有文艺特长、既会玩又会学的同学面前，仝迪更是感到压力很大。

仝迪开始焦虑不安，上课时总是不由自主地走神，当外交官的念头在脑海里一直挥之不去。越想当外交官，他就越焦虑，越焦虑就越不能集中精力学习。坐在课堂上，他感觉自己就像一个空壳人，脑子里杂念纷涌，晚上辗转反侧无法入眠。在第一次月考之后，他由刚入班时的第9名退步到第68名。在全班81名学生中，已经排到差生行列，这让他无法接受、心情沮丧。

半月之后，仝迪的情绪逐渐由焦虑升级到抑郁，精神越来越萎靡，且食欲不振，失眠更加严重，以致没法坚持正常学习。老师给仝迪妈妈打电话，建议他暂时休学，找专业心理咨询师进行调整。

他潜意识里想拯救不和谐的家庭关系

仝迪在母亲的陪同下找到我，我与仝迪及其母亲分别进行了谈话，详细了解其家庭状况及其成长过程。

仝迪爸爸是一名乡干部，经常不在家。妈妈是一家保险公司的业务员，整天忙于访问客户、跑理赔，也忙得脚不沾地。仝迪在6岁之前，时不

时有奶奶或姥姥到家里轮流照顾他。上小学期间，因为家离学校很近，他总是脖子上挂着钥匙自己上学放学，没有小伙伴和父母的关心与呵护。**他的童年就是一个人在孤独和恐惧中度过的。**

全迪想当外交官的梦想，其实源于他梦魇般的童年经历。从他记事起，爸妈就经常吵架打架，特别是爸爸喝酒之后就会找碴儿，引起家庭战争。

全迪清楚地记得6岁那年夏天的一个傍晚，爸爸和妈妈不知因为何事又发生了争吵，妈妈说话很难听，激怒了爸爸，爸爸揪住妈妈的头发狠狠地打了妈妈两个耳光。妈妈嘴里仍然骂个不休，爸爸又冲上去打妈妈。他害怕极了，紧紧地抱住爸爸的腿，不让他打妈妈。爸爸怒不可遏地吼他："滚开！"并且一脚把他踢开，继续对妈妈拳打脚踢。他吓得躲在角落里瑟瑟发抖。正当这时，邻居赵伯伯听到哭喊寻声来敲门。全迪如见救星，立即把门打开。赵伯伯一来，把爸妈拉开，分别劝导他们。爸妈的态度都有所转变，表示好好过日子、不再打架之后，赵伯伯才放心地离开了。

但是爸爸妈妈还会不时地吵架。小全迪非常机灵，只要一看到爸爸要发怒打妈妈，他就撒脚跑去敲赵伯伯家的门。赵伯伯像灭火器一样，只要他一到场，必定能把爸爸妈妈劝和。因此，全迪从小对赵伯伯无比崇拜又无限感恩，他非常喜欢到赵伯伯家串门。赵伯伯也喜欢听话懂事的小全迪，经常给他讲故事。

赵伯伯是一位历史老师，他经常给全迪讲春秋战国时期的人文历史故事。有一次讲到苏秦忍受着家人的讽刺、羞辱，发奋自励，读书欲睡时引锥自刺其股，最终佩六国相印、衣锦还乡的奋斗历程时，全迪听得如醉如痴。他对赵伯伯说："我真想穿越到春秋战国时期，想当像苏秦那样的人。"赵伯伯说："不用穿越就可以啊，你努力学习，将来报考国际政治学院，也可以成为外交官啊！"当外交官是赵伯伯的梦想，而且赵伯伯的祖父就曾经是外交官。从此，当外交官的梦想种在了全迪心里，并随着其年龄增长慢慢地扎根发芽了。

当全迪第一次对妈妈说，长大想当外交官时，妈妈向他投去不屑的目光，用讽刺的口吻说："你还想当联合国秘书长呢，不看看你那德性，说话结结巴巴的！"全迪含泪离开，把当外交官的想法埋藏在心里，脑子想着苏秦兄嫂前倨后恭的场景。因此，每当爸妈争吵得不可开交时，当外交官的念头就会清晰而强烈地盘旋在他的脑海里。

通过全面了解到全迪的成长经历和当前的心理、生理状况，我基本理清了其心理问题的产生根源。正当全迪在爸妈吵架而感到恐惧和无助时，他看到了赵伯伯智慧地调解了双方矛盾，感受到了赵伯伯劝解时的人格魅力，对赵伯伯产生了崇拜之情。爸爸的粗暴和冷漠让全迪感受到父爱的缺失，他却在赵伯伯那里得到了较好的弥补。因此，全迪在潜意识里把赵伯伯当作理想父亲的模型，并深受影响，不由自主地去模仿他，甚至在潜意识里想替他完成未竟的愿望。同时，赵伯伯总是能够让他联想起"调停、和解"的意象，这些意象意味着家庭和谐，继而很容易强化他当外交官的观念。当外交官意味着他拥有更强的调和能力，代表他能够战胜父母争吵时所产生的恐惧心理，也意味着他比爸爸和赵伯伯有更强大的心理能量，这是基于男孩想超越别人的心理本能。于是，当外交官就成为一种固有观念，深深地植入了他的潜意识。

别让孩子患上"缺爱症"

全迪知道自身并不具备当外交官的条件，尤其是妈妈对他的打击与讽刺更让他深感自卑，这就形成了矛盾的心理冲突：一方面是当外交官的强烈愿望，另一方面是怯懦的性格和自卑心理。因此，全迪的脑海中经常有"两个小人"在争吵：前者是超我，说："我必须要努力学习，争取成为外交官"；后者是本我，说："我不行，我口吃、胆小，根本不可能！"

　　根据弗洛伊德的精神分析理论，要想解决全迪的问题，就要想办法增强自我的心理能量。只有自我加强了，才能调解好超我和本我的关系，达到心理平衡。如初二时全迪接受系统培训后，提高了语言表达和沟通能力，当外交官的强烈愿望和自卑心理的冲突就得到了明显缓解，心理得到平衡，学习效果也随之提高。但是到了高中之后，在众多优秀生的比较下，他的自卑心理明显得到强化，当外交官的愿望依然强烈，因此心理冲突骤然加强。在这种情况下，必然会产生焦虑情绪。焦虑情绪导致精神不集中、学习效果下降、失眠多梦等一系列心理和生理症状，这些都进一步增强了其原有的心理冲突，于是形成了恶性循环。

　　针对全迪的情况，我帮他制订了系统的心理矫正方案。

　　首先，运用意象对话技术解决他当外官的情结。帮助他完全接纳自己，降低对自己的期望值，降低超我的约束力，从而减少当外交官的强迫观念。

　　其次，帮助父母与全迪建立和谐的亲子关系。让父母深刻认知到他们对全迪造成的心理伤害，让他们及时弥补亲情的缺失，尤其要多看到全迪的优点，多给他关爱、鼓励和信心。

　　再次，运用空椅子技术化解全迪对父母的怨恨。重点解决母亲对全迪的讽刺带给他的心理伤害，引导他宣泄对父母的不满情绪，让他对父母保持必要的限界，不要掺合父母的情感纠葛当中。加强他与父母的亲情联结，让他感受到父母的爱和温暖。

　　最后，帮助全迪调整不合理的认知。通过客观分析学习的竞争局面，让他认识自身优势，增强学习信心。采取资源取向，鼓励他扬长避短，发展自己的兴趣爱好，感受生活的丰富多彩。

　　经过五次心理咨询，全迪完全解除了抑郁、焦虑的情绪困扰，饮食和睡眠也恢复到了正常状态，返校后很快投入到紧张的学习当中。

　　全迪的妈妈一直陪伴着儿子做咨询。为了使咨询效果在今后得到长期

巩固，我对她说："仝迪的症状可以统称为缺爱症，没有爱的孩子总会出现这样或那样问题，以此吸引父母对他的关注。爱是治愈一切心灵创伤的灵丹妙药，有爱的孩子才有幸福。"她受到了极大的心灵震撼，表示今后会不断学习和改变自己，无条件地接纳儿子，用母爱的力量给儿子信心和支持，促进儿子身心健康成长。

咨询手记：做心理咨询是一项极具有创新性的工作，因为你根本不知道来访者会冒出什么样的问题，尤其是孩子有各种各样的奇思妙想和奇特的念头，让家长们感到难以理解。但是，当我们耐心地倾听孩子内心的声音，就会发现，孩子所有的奇特思想都和原生家庭密切相关。

家长们很少能够倾听孩子内心的声音，更很少探究孩子行为背后的原因，甚至会误解孩子，或者因孩子出现问题而产生诸多抱怨，这会给孩子带来更多的心理困扰。其实，仝迪的英雄梦也是一种心理的自我保护机制，他通过幻想自己强大避免心灵伤害。当父母经营不好自己的亲密关系时，孩子就是家庭战争的受害者，他们得不到父母的庇护，只能发展出各种各样的方式进行自我保护。

仝迪的症状表征与他内心的真实动因之间存在曲折复杂的因果关系，这需要心理咨询师通过专业分析，抽丝剥茧、条分缕析，才能追根溯源，抵达内心的真实境地。

期待这个案例能够引起家长们的警醒：爱孩子的前提是学会爱自己的伴侣。

孩子不是父母实现愿望的工具

　　很多父母根本不知道自己给予孩子的是真爱还是假爱，只是打着爱的旗号控制孩子，把孩子作为实现愿望的工具。真爱是无条件的接纳、给予尊重和精神的自由。爱，令关系亲近；自由，令关系保持适当的距离和限界。两者同时兼备，是一切保持亲子关系和谐的真谛。

1 强行塑造等于扼杀孩子的精神生命

导语：每个孩子一出生就有一个精神胚胎，它会自动指引孩子成长，孩子的每个自发行为，都反映着这个精神胚胎的需要。当父母无视孩子的自主意志，而把自己的意志强加给孩子，强迫孩子按照自己的意志发展，这其实是在扼杀孩子的精神生命。孩子因而会变得精神虚弱，一些青春期孩子甚至会因此结束自己宝贵的生命。文中的小乾就是一个被母亲严格控制、强行塑造的生命。他的内心到底经历了什么？他为何经常被噩梦吓醒？浓浓母爱到底是"真爱"还是"假爱"？让我们跟随心理咨询的进程，逐步解开这些谜团吧。

被控制的少年只能在梦中反抗

在一个冬日的下午，我接到一个求助电话。对方是个男孩子，他想立刻预约咨询，说自己被噩梦缠绕，睡不好，吃饭没胃口，上课精神不能集中，严重影响学习，快受不了。我听出了他的焦虑、恐惧和急切求助的愿望，便以最快的速度安排了咨询时间。

这位学生如约来到咨询室，是一位长得很帅的男孩子，皮肤有点黑，但是健康耐看。我们寒暄、落座、互相观望，在无言交流中，我向他投去接纳、欣赏、温暖的目光，心电感应瞬间在我们之间建立起互相信任的联接。他向我打开心扉，开始讲述自己的故事。

他叫小乾，今年16岁，高一年级。初中时没有考上重点高中，是妈妈托人才上的，妈妈还找关系把他分到了优秀班。他感觉压力好大，尤其是数学、物理跟不上，每天做作业都到深夜，第二天头昏脑涨的。虽然苦

苦挣扎，成绩始终是中下等。分、分，学生的命根儿。成绩不好，就会被同学轻视和老师批评，他感觉每天都是煎熬，真想对妈妈说把他调到普通班或者到普通学校。但是他不敢说，妈妈很不容易，自从父母离婚之后，妈妈就把所有的希望都寄托在他身上。妈妈经常对他的说的一句话就是："你要争口气，别让你爸一家子笑话咱们。没有你爸，咱们照样能过得很好！"每当此时，他总是禁不住地浑身颤抖，像是内心承受不住如此重担的应激反应。

小乾说近两三个月以来，自己经常被噩梦吓醒。他经常梦见一匹马，被罩在巨大的透明玻璃罩里或者是塑料袋里，不透气，感觉快要憋死了。这匹马开始的时候会想方设法冲出去，结果每次都撞在玻璃上。最后，这匹马无力地倒在地上，绝望地等待氧气耗尽，生命在窒息中消失。他每次都在自己被憋得喘不过气时被惊醒，内心充满了恐惧。他还经常梦见一匹马在草原上奔跑，在蓝天白云下撒欢儿，有一对放牧的老夫妻温柔地抚摸它，搂着它的脖子，喂它吃草、喝清凉的水。这时，一个悍妇手持砍刀飞奔而来，夺过马缰绳要把它拉走。这匹马拧着脖子不愿走，那个悍妇举起砍刀朝着马脖子砍去，这匹马顿时身首异处，被分割成两半。小乾也被眼前的惨景惊醒，发现自己被吓出了一身冷汗。

梦是潜意识的表达。如果能够理解小乾的梦，就基本上能够知道他的心理问题了。于是我用舒缓的语气对他说："现在请你闭上眼睛，回想一下你的梦境，描述一下梦里的这匹马有什么特征？你觉得它像谁？"

小乾顺着我的思路走，像被催眠般再次沉入梦境，并且开始描述："这是一匹枣红色的马，非常渴望自由，性格有点倔强………哦，我明白了，这匹马就是我，那两个放牧的老夫妻感觉像是我的爷爷奶奶，那个手持砍刀的悍妇就像我妈。"小乾的声音里透出顿悟后的惊喜。

我也明白了，其实那玻璃罩和塑料袋就是妈妈的控制，那个身首异处的马是小乾反对妈妈控制的后果。他希望与爷爷奶奶在一起，但是妈妈不

允许，这应该是他当下最大的困扰。因为我知道，梦其实是人在睡眠时和大脑部分功能关闭的情况下，对外界刺激的解释和演绎。小乾连续做这样的噩梦，就是他潜意识最近关注的问题通过梦的形式表达出来。这就是所谓的日有所思、夜有所梦。

我的分析得到了小乾认可之后，我们约定下次咨询把探索原生家庭影响作为主要方向。

母亲与夫家水火不容让儿子心理分裂

第二次咨询时，我问小乾是否又做噩梦了？小乾说，没有。我笑着对他说："梦是原始人(潜意识)写给你的信，你以前一直读不懂，所以它就连续提醒你。现在你读懂了，并且关注它了，它就不再提醒你了。"这个开场白，让小乾紧张的情绪放松下来，增强了对我的信任感，我们顺利进入咨询核心。

我首先了解他的成长经历，并重点让他说说对妈妈的评价。小乾很快打开了话匣子，情绪也随之调动起来。

小乾说："我妈妈自己经营着一家超市，我们家的经济全靠妈妈支撑着。我爸长得很帅，却百事不成，我妈说他是'中看不中用的绣花枕头'。从我记事到爸妈离婚前，我总是看到他们吵架、打架、冷战。我爸心烦时就出去喝酒打牌，我妈生意忙却指望不上他，总是气得抓狂。我小时候经常被我爸带到爷爷奶奶家，他们都非常疼爱我，给我做好吃的，带我去公园里玩，我想一直住在爷爷奶奶家。但是我妈不让，她怕爷爷奶奶把我惯坏了，还说我爸就是爷爷奶奶惯坏的。小学二年级那年暑假，妈妈非常忙，顾不上管我，就让我姥姥来照料我。姥姥刚来两天，舅舅就说家里有事，把她接走了。我爸就自作主张把我带到奶奶家，我妈知道后就指

责我爸，他们因此吵得很厉害。我妈像疯了一样把积压的怨恨和愤怒都发泄出来，骂我爸全家没有一个好东西。我爸打了她两个耳光，我妈跑到厨房拿了把菜刀要和他拼命。我吓得哇的一声哭了，爸爸妈妈这才注意到被吓得瑟瑟发抖的我。妈妈扔了菜刀，抱着我就放声哭了起来。我爸摔门走人，再也没有回来。"小乾显然已经沉浸在当时的场景里，身体一直在不停地颤抖。

　　自从小乾父母离婚之后，妈妈就活在怨恨之中，拒绝爸爸探视儿子，更不让小乾和爷爷奶奶联系。有时候，爷爷奶奶实在想孙子，就趁小乾放学回家时在路上等他，给他买零食和文具。小乾怕妈妈发现，总是设法隐瞒，心里充满了恐惧。小乾上初中之后，好几次对妈妈说谎到同学家玩，其实是去爷爷奶奶家。爸爸又成家了，也会偷偷给他零花钱，并叮嘱他一定不要告诉妈妈。小乾像地下工作者一样和爸爸及爷爷奶奶联络着，每天都提心吊胆，生怕被妈妈发现。

　　到高中以后，妈妈对他的要求越来越严，学业压力越来越重，他几乎没法和妈妈沟通。当他最无助的时候，他希望得到爸爸及爷爷奶奶的支持，但是妈妈又不让。尤其是青春期的男孩子，特别需要父亲，但是他没有。他不仅不能公开和爸爸在一起，还不敢在妈妈面前提及爸爸。一提及爸爸，妈妈立刻就怒火万丈，充满了怨恨和憎恶的语言便会汹涌而来。小乾内心开始对妈妈产生了不满情绪，但是他又看到妈妈非常辛苦，不忍让妈妈伤心。因此，他的内心是分裂的。当他无法平衡心理矛盾时，便以梦的形式表达出来。

别再自以为是地为孩子规划人生

　　通过倾听小乾内心的声音，我知道他的困扰源于妈妈的过度控制和不

能与父亲家族联结的缺失感。于是我在采取措施帮助小乾进行自我调整的同时，把咨询对象转移到他妈妈身上，我们约定下次让妈妈来咨询。我敢断定，只要小乾向妈妈提出接受咨询的要求，妈妈肯定答应。因为在这位妈妈的心目中，没有比儿子的事更重要的了。

第三次咨询，小乾妈果然如约而至。她长得很漂亮，但是眉头不展，一副心事重重的样子。我仍然是先建立关系再展开咨询，重点是倾听她诉说委屈并适时引导她宣泄情绪，因为对一个单亲妈妈而言，她内心肯定压抑了太多的委屈、愤怒和怨恨。

我用易术心理剧的"先泄后补"原理，采取空椅子技术，用三把空椅子分别代表小乾的爸爸和奶奶、爷爷，让小乾妈把对他们的怨恨都说出来。很快，她的抱怨就像脱丝的水龙头一样收不住了，从婆婆对她的冷落到在月子里受的委屈，从对丈夫的不满到对婆婆一家人的怨恨，一股脑儿地倾诉出来。当她说到愤怒的时候，我把报纸卷成长条让她打椅子宣泄，并允许她骂脏话。她边哭边骂边打，累得精疲力竭，压抑的情绪全部宣泄完后瘫坐在沙发上。

我给她一个抱枕，让她坐得更舒服一些，放一段舒缓的音乐，引导她进入冥想，让她好好地拥抱自己，感恩自己的坚强，也回顾和觉察在婚姻关系里自己的得与失。她的泪水又如雨般流下来，她看到了自己的过于强硬，对丈夫的指责和对婆婆的耿耿于怀，她带着满腹怨恨和自己的执念生活，自以为是地为儿子规划着人生，她不快乐，儿子也越来越沉默。

我感动于每一位来访者都有出乎我意外的领悟能力。小乾妈很快明白了自己的问题所在，坦言自从离婚之后就把所有精力放在孩子身上，希望儿子优秀，对儿子管得太严太细，给他太大的压力。这来源于她离婚产生挫折感之后，要向丈夫证明"你是错的！"而最有力的证据就是儿子没有爸爸仍然能够很优秀。她以为这是爱孩子的一种方式，没想到会给孩子造成如此大的心理困扰。

在第四次咨询时，我重点和小乾妈讨论什么是真爱的问题。我给她分析了男孩子缺乏父亲的内心挣扎和不能与家族能量联系的危害，让她看到不让儿子与爸爸和爷爷奶奶联系对儿子造成的严重后果。我直言不讳地告诉她："你对孩子的爱，不是真爱，而是虐待。每个孩子一出生就有一个精神胚胎，会自动指引孩子成长。如果孩子被强行'塑造'，他精神胚胎的需要会被严重压制，就会出各种心理问题。当你强迫孩子按你的意志发展时，就是在扼杀孩子的精神生命。因此，强加自己的意志给别人，不管你找多么好的借口，都不是真爱，而是假爱。真爱是深深的理解，是无条件的接纳，是给予尊重和精神的自由。"

小乾妈深受震撼，原来掏心掏肺地爱孩子，结果竟然对孩子造成了伤害。果然孩子的问题本质是父母的问题，真爱是需要学习的。因此，我引导小乾妈不要把精力都放在孩子身上，重点是要关爱自己、改变自己，放下内心的怨恨，重新寻找幸福，不断学习成长，让自己的内心更加充盈。她坚定地说："我要让儿子对我刮目相看！"我笑笑回应她："更重要的是你会对自己刮目相看！"她脸上绽放出笑容，眼神也生动明亮起来。

小乾妈从归还儿子的人生自主选择权做起，尝试不再控制孩子。她发现，同意儿子转到普通班后，儿子比以前学习更加努力了；允许儿子和爸爸一家人在一起之后，儿子每次回来都非常高兴，母子沟通也更加顺畅了。她终于体会到：真爱是双方都能够感受到自由和幸福。她表示将会继续学习提升自己，不断觉察和改变自己，让自己真正成为一个内心和谐、亲子关系和谐的人。

咨询手记：这个咨询案例涉及夫妻离婚之后如何对待孩子的问题。小乾妈犯的严重错误在于：她内心压抑着婚姻失败的挫败感和对夫家的愤怒，把儿子作为向丈夫证明"你是错的"的工具，对儿子过度控制，并且截断儿子与父亲家族的联结。其实，孩子不能缺少父亲的陪伴，更不能缺

乏与父亲家族的能量联结，否则这个孩子的内心一定是软弱无力、充满恐惧和没有安全感的。

离婚后的女人最容易把孩子作为救命稻草或精神支柱，裹挟着不幸婚姻中大量的负能量，把所有的心思都放在"塑造孩子"身上。这样的结果，只会害了孩子。因此，离婚后的女人，首先要处理的是内心的失败感，化解婚姻中积压的负面情绪，把精力放在自我身心调整上面。只有自己内心平和了，才真正有能力陪伴孩子健康成长。

2 别总是挥动驱赶孩子的"鞭子"

导语：教育孩子是一项伟大而艰巨的"育人工程"，目的、方法弄不清楚就很容易走偏。有的父母把孩子当成实现自己愿望的工具，不断地挥动"鞭子"，驱赶孩子朝既定目标前进。因为这些父母把孩子当作自己的"内在小孩"，提出严苛的约束和要求，不断给孩子施加压力。孩子无法承受"父母希冀之重"，便会生发出厌学、迷恋网络、抑郁等问题，以此反抗父母的施压。小杰的反抗方式是罢学弃考，这可急坏了望子成龙的父母。那么，小杰的反抗有效吗？让我们且看且悟！

优秀生临高考突然辍学

转眼到了高三期末考试，当同学们都卯足劲冲刺高考时，小杰却收拾书包回家了。

那天是周六，该大休了。晚上回到家里，他一声不吭地回到自己房间，把书包一扔，倒头便睡。一觉睡到次日中午，妈妈(王女士)做好饭叫他，他仍然说不想吃。下午一点多，王女士开始催他去上学，他厌烦地对妈妈吼道："别催了，我从此不再上学了。"妈妈一听，立即火冒三丈。心想：别的同学都在争分夺秒地学习，你回来睡了大半天，我不批评你就够了，竟然还不去上学。这是要翻天的节奏吗？当王女士准备火力攻击小杰并敦促他立即返校时，发现小杰很冷漠地看了她一眼，随后"砰"的一声，狠狠地关上了卧室门。任凭妈妈再敲门，小杰始终不作任何回应。

王女士感觉事出蹊跷。儿子平时学习很好，每次考试稳居年级前三名，全市联考成绩也在前十名，这样的成绩，考上北京大学、清华大学的

可能性是很大的。她和老公早就期待儿子今年能够一举成名、考取名校。眼看到了"焦麦炸豆"的关键时期，儿子却撂挑子了，到底出了什么事呢？

王女士的第一反应是把儿子叫起来问个明白，但是儿子就是不开门，也不应声。她慌乱了，怕儿子遇事想不开，便给老公打电话商讨办法。在等待老公回来之际，她又打电话联系了小杰的班主任老师。老师说："上周放学时，小杰曾请假说家里有点事，下周不来了。当时，我没往深处想就同意了。现在回想起来，小杰这段时间的学习状态是不太好，上课总是走神，爱坐着发呆，也不怎么和同学们交流。上次模拟考试成绩很不理想，下滑到了班级第17名、年级第132名。是不是成绩明显下降让他难以承受？或者是过早地出现了考前焦虑？"

王女士听到儿子的成绩下滑如此明显，心里咯噔一下。儿子回来并没有说过成绩不理想，她以为儿子还是班级的佼佼者呢。她心里开始升腾起对儿子不满的小火苗，但是儿子不开门，她有火也无处发。

老公(林先生)回来了之后，王女士把儿子的情况大致叙述了一遍。林先生二话不说，跑到儿子房间门口用力地敲门，并大声说："小杰，快开门，我限你一分钟把门打开，不开我就要踹了！"屋里仍旧没有动静。林先生又提高声音说："我数十个数，再不开我真要踹了！"林先生开始数数，夫妻俩心里七上八下，一眼不眨地盯着门。就在最后一刻，房间门突然打开了，小杰睡眼朦胧地打量着父母说："你们能不能消停一会儿，我睡觉都睡不安稳！"这句话可把林先生惹恼了，上去就一个耳光，恶狠狠地对儿子说："还睡？没看见人家都去上学了吗？"儿子捂着脸退到床边坐下来，冷冷地说："今天你打死我，我也不去上学了，大学我也不考了！"说完用被子蒙住头，任凭打骂、劝说，再也不说一句话。

夫妻俩彻底傻眼了。林先生怒火没处发泄，就指责妻子说："你这个妈是咋当的？儿子成绩下滑成这样你都不知道，看你把儿子教成啥样子了？真是没用！"王女士本来就压抑了很多委屈，被老公指责，便立即反

驳他："嫌我没本事，你咋不管孩子？我对孩子尽心尽力了，谁知道他今天中了哪股邪？"夫妻俩话不投机就吵开了。林先生摔东西泄愤，王女士痛哭不止，家里顿时闹翻了天。但是小杰对此毫不关心，仍然安睡如故。

孩子不是满足父母欲望的学习机器

小杰每天吃了睡、睡了吃，除了吃饭、上卫生间，连卧室门都很少出。林先生打了也骂了，王女士哭了也求了，小杰就是不去学校。他说，学习没意思，生活没意义。迫不得已，林先生只好让妻子求助于心理咨询师。

当王女士找到我时，小杰已经半个月没去学校了。因为小杰不愿意到咨询室里来，我只能通过王女生和林先生了解小杰的情况。

首先要对这个家庭状况进行评估。我了解到，林先生在一家私企做销售部的区域经理，经常出差，是家庭的主要经济支柱。王女士原来在一家企业工作，企业破产后，就成了家庭主妇，在家专职照顾上初中的儿子。

小杰是家里的独苗，到他这一辈，林家已经是四代单传。林家原是名门旺族，林先生的祖父曾拥地百顷，父亲也曾经受高等教育，到林先生这一代，已经家道破落，他过早地失去了读书求学的机会。但是他高中毕业后，通过刻苦钻研自考了大专和本科文凭，而且事业也蒸蒸日上。他希望儿子能够重振家族，因此从小就给儿子灌输考名校、做名人、出人头地的理念，对儿子管理非常严格，稍有不如意，就会"家法"伺候。

小杰很聪明，小学时不打架也不惹事，就是不好好学习，做作业磨蹭，上课不注意听讲，考试成绩总是在中游徘徊。林先生急得没办法，有时候控制不住自己的情绪就会打小杰。上初中之后，王女士失业在家，开始全身心投入到儿子的教育之中。林先生找了一对一的老师给小杰补课，王女士每天陪伴督促，小杰的成绩竟然奇迹般地从班级的中下等提升到班级前十名，这让林先生欣喜不已。儿子以优异的成绩高上了市重点高中之后，林先生更是信心百倍，认定儿子就是上"北大""清华"的料。

我很想知道小杰对家庭环境和父母教育方式的感受。经过巧妙设计，小杰终于答应来到咨询室。颇费一番周折，我才和小杰建立了互相信任的关系。我首先让他描述对家庭的感受。他说："我感觉在家很压抑，我和父母之间没法交流，除了谈学习好像找不到其他的话题。我就像一个学习机器，父母就像是维护机器高效运转的工人，只要我想停下来歇一会儿，他们就开始焦虑、生气。父母从来不尊重我的意见，我们家没有尊重、没有平等、没有沟通，气氛沉闷，一点也不好玩。"小杰说完，长长地叹了一口气，似乎还有很多压力无法言说。

我又问他："你父母的关系好吗？"小杰不冷不热地说："一般吧，我爸像家里的功臣，回来总是对我和我妈提这样那样的要求，稍不如意就发火。或许他在外面跑业务压力太大了，我和我妈都忍着。我妈是那种柔弱无力的人，有点讨好我爸。他们之间没有亲密感，也很无趣，谈的话题还是我的学习，烦死了！"

我接着问："你和妈妈关系咋样？"小杰再次长长的叹气说："我妈吧，最烦人的是没主见、情绪化和爱唠叨。**只要她在我爸那里受点气，必然会把负面情绪转嫁给我**。我的成绩就是老爸的晴雨表，只要我成绩不好，老爸就会冲她发火，然后她再对我哭诉、给我施压，我们家人的负面情绪经常是这样陷入恶性循环的。妈妈对我监控太严，让我根本没有自由。从小到大，我很少参加过同学的聚会和游玩，没有上过游戏厅、网吧、歌厅，每天晚上9：30之前到家。妈妈的过度保护，让我感觉自己很无能，与班上其他同学相比，我的生活经验少得可怜。如果我不按照妈妈说的办，她就会用不吃饭、打自己耳光等自我攻击的方式，逼迫我屈服。我真的是受够了！"小杰说完，双手抱着头，很委屈的样子。

综合收集的信息资料，我梳理了小杰不去上学的原因：

第一，爸爸对他期待太高，他感觉自己无论如何努力都得不到爸爸的认可。当他是中等生时，爸爸动辄打骂教训；当他上初中学习进步时，爸爸仍层层加码。考了15名，爸爸说："进了前10名才能得到老师的关注。"考了前10名，爸爸又说："考进前3名才是本事呢！"等考进前3名，爸爸又说："第1名才值得骄傲！"终于考了全班第一，老爸又希望他考全年级第一、全市第一。总之，他感觉爸爸的欲望没有尽头，累死也达不到目标、得不到认可。

第二，父母灌输给他的理念是：只有考取名校、做人上人，生命才有价值。父母会经常在儿子面前贬低那些考取一般学校的学生，以轻蔑的口吻评价他们。当成绩明显下滑时，他就感觉考上"北大""清华"的希望渺茫了，忽然间觉得生命没什么意思。

第三，小杰潜意识里在以自己的症状改善家庭关系。王女士和林先生原来经常相互指责、争吵，现在团结一致帮儿子走出困境，关系亲密很多。

第四，被暗恋女孩漠视让他产生严重的心理失败感。小杰从高二开始暗恋一个女孩，但是这个女孩却喜欢邻班的张杨。因为张杨不仅学习好，而且多才多艺、风趣幽默。有一次，小杰碰到那个心仪的女孩，想跟她说句话，那个女孩却冷淡地避开他走远了。他感觉受到了极大的打击，内心滋生出自卑感和无价值感。

第五，近期因为考试成绩下滑让他内心焦躁不安。失恋的挫败感和成绩下滑的失落感，让小杰焦虑不安，注意力无法集中，不想吃饭，总是做噩梦，学习效率越来越低。他害怕下次考试成绩再次下降，不敢面对父母失望的眼神，于是便选择了逃避。

帮孩子启动自身的生命能量

针对小杰"弃考"的原因和这个家庭的特点，我从调整家庭关系和互动模式入手，制订了一套治疗方案。

首先，让林先生降低对小杰的期待值。我帮林先生梳理了他的原生家庭情况，让他明白：执意让小杰考名校，不是小杰的意愿，而是林先生自己的意愿，是他强行让儿子替自己完成心愿。这会给小杰造成很大的心理压力，并使他的生命动力严重受限。如果小杰彻底弃考，不仅与名校无缘，连受普通高等教育的机会也将失去；如果小杰的心理问题得不到解决，长期自我封闭，很可能出现更严重的心理疾病，到时候后悔就晚了。林先生思前想后，决定降低对儿子的期待值，只要儿子能够正常生活就行，上学与否，让儿子自己决定。

其次，改变家庭的互动模式。我让小杰和妈妈分别以画植物的方式进行家庭关系投射测试。小杰和爸爸的关系：爸爸是大树、自己是小树；与妈妈的关系是：自己是一棵小树，妈妈是缠在小树身上的藤；王女士与老公的关系：老公是大树，自己是小树，而且两棵树离得比较远，自己离儿子较近。我让王女士觉察与丈夫和儿子的关系，引导她今后把更多精力放在经营夫妻关系上，对儿子放手，多给儿子信任和自由成长的空间。同时让林先生明白：爸爸送给儿子最好的礼物是爱自己的妻子，引导他多关心妻子，不要让妻子有太多的孤独感、无助感和负面情绪，这样儿子就不会受到情绪垃圾的影响。

最后，让爱在家庭流动起来，启动孩子自身的生命能量，这是最关键的环节。这个家庭太沉闷、太缺乏爱的流动了，需要夫妻双方迅速调整交流互动方式，让儿子感受到爱的滋养，重新认识生命的价值，增强生活信心。我给林先生布置了家庭作业：组织一次有趣的家庭会，家庭成员之间可以畅所欲言，促进平等沟通；让林先生夫妻多给小杰自由选择的机会，

多给予肯定和鼓励。同时，我帮小杰重新解读了生命的意义和价值，让他明白，每个人都拥有独特的生命，活出自己的人生就是有价值的。

春风化雨、润物无声。当父母改变了、家庭氛围改变了，小杰内心的坚冰也就慢慢地消融了，心结也渐渐解开了。当他重新感受到亲情的温暖、重新定义了生命的价值、重新找到了生活的动力，便自觉地收拾书包去上学了。父母承诺，不论孩子考上什么样的大学，都会欣然接受，而小杰也对飞向更广阔的自由天空充满了希冀和期待……

咨询手记：有些家长的最大问题就是不知足，对孩子期望值太高，望子成龙、望女成凤。父母先是给孩子设定一个目标，不论孩子是否有兴趣、是否有能力达到那个目标，父母只管挥动着手中的"鞭子"，驱赶孩子朝着那个目标前进。孩子若不如所愿，父母就会抱怨、指责甚至打骂，亦或还会像小杰妈那样，用不吃饭、打自己耳光等自我攻击的方式，逼迫孩子就范。

如果说父母不爱孩子真是天大的冤枉，但是很多家长真的不懂得如何爱孩子。他们的爱，是自私的、自以为是的爱。因为他们根本不懂得尊重孩子，更没有平等沟通。孩子"享受"爱的结果就是，没有自由成长的空间，没有自由选择的权力，没有表达内心真实愿望的机会。孩子的生命能量被父母禁锢着，感受不到生活的乐趣和生命的价值。只有等孩子出了问题，父母才觉悟到自己做得太过分了，才开始忙不迭地弥补。

如果父母能够在一开始就尊重孩子，把孩子看作鲜活的、独一无二的生命，放下功利心，放下驱赶孩子的鞭子，以静待花开的心态陪伴孩子慢慢成长，允许孩子有自由空间、允许孩子自主抉择，允许孩子当自己生命的主人，允许孩子绽放出自己理想的样貌……若能如此，则孩子甚幸、家庭甚幸，又何来"问题孩子"呢？

3 别让"考试至上"成为孩子的价值追求

导语：好的心理机能是趋利避害，糟糕的心理机能是趋害避利。正值豆蔻年华的丁晓茹，在应试教育的极大压力下，不仅没有产生消极抵触情绪，反而考试上瘾，仿佛被恶魔控制了心灵。这是对心理机能的严重破坏，幸亏被及时发现并得到有效的心理疏导，否则她将为考试牺牲一生的快乐和幸福。

"学霸姐"患上"嗜考症"

一个周六下午，一名长得眉清目秀、看起来很文静的女孩来到心理咨询室，怯怯地问："老师，我可以咨询您一个问题吗？"她的声音小得我几乎听不清楚。我热情地回应她说："当然可以啊！有什么我可以帮你的吗？"

她叫丁晓茹，是一名高一学生。她说，这次月考刚过去几天，她又特别盼望考试，如果几天不考试就觉得烦躁、空虚。而且这次月考，她考了班级第六名，感觉自己很失败，以前每次都是全班第一名的。

我和晓茹聊了一小时，之后又分别打电话找她的妈妈和班主任老师了解了一些情况，其结果正像我所判断的那样，晓茹得上了"嗜考症"。

班主任老师说，晓茹学习非常用功，也注意运用有效的学习方法，经常考全班第一名，但她对此很不满意，经常发誓一定要考全年级第一，甚至全市第一。听说同学们给她起了个雅号叫"学霸姐"。

妈妈说："晓茹从小就喜欢读书学习，特别是中考之前，每天晚上学习到凌晨一点多，早上五点多就起床读英语了。我劝她注意休息，但怎么

劝都没用，她太爱学习了，不这样做她就非常焦虑。孩子爱学习是好事，而且初三学习紧张是正常的，所以我也没太在意孩子的做法。没想到上了高一之后，她还如此拼命，甚至中考之后放假她也不出去玩，她说要'快鸟先飞'，趁假期先把高一的知识学好，保证自己在学校取得好成绩。当时我就想带她去看心理医生，但是她爸说，人家都是为孩子不学习发愁，哪有因为孩子爱学习找医生的？我因此也打消这个念头，没想到这孩子越学越入迷。到了高一之后，她要求自己每天必须把所有的时间都用来学习，放学的路上与同学交流的也是学习问题。她还只与比她学习好的同学交朋友，目的不是为了互相帮助，而是千方百计打探别人的学习方法，想办法超过别人。她现在学习几乎达到了亢奋状态，连走路、吃饭、上厕所都不想浪费时间，口袋里装着速记本，不是背英语单词，就是背公式、定理。她的身体也越来越瘦弱，我真怕她有一天会垮掉，但是我没法阻止她学习啊！"

听得出，晓茹的妈妈已经对女儿这种过分爱学习的行为有所警觉，却没想到女儿会患上"嗜考症"。

晓茹告诉我，她现在感觉生活的意义在于学习和考试，生存的价值在于考出好成绩，赢得父母、老师的夸奖和同学们的羡慕。如果没有考试，就感觉生活是灰暗的、空虚的、无聊的，感觉自己没有存在的价值。

过度奖励让女儿成为"成绩控"

要想缓解晓茹的焦虑、烦躁等不良情绪，必须先弄清楚她患上"嗜考症"的原因。这次，我约见了晓茹妈，详细了解其成长过程。通过对多个事件的印证，最终弄清楚了晓茹考试上瘾的原因，在于父母对她采用了不正常的奖罚方法。也就是说，父母用"过度奖励"让她一步步走进了考试

上瘾的怪圈。

晓茹的爸爸是电力公司一名普通的维修工，妈妈是邮电局的一名临时工，夫妻两人文化水平不高，因此对聪明伶俐的女儿寄予了很大希望。从入学开始，晓茹在家里啥事都不用做，她唯一的"任务"就是取得好成绩，有了好成绩，爸爸妈妈会给她各种各样的奖励。

不仅如此，晓茹的好成绩还是维持这个家的最重要支柱。她的爸爸妈妈关系不好，经常吵架，也闹过离婚，但是只要晓茹成绩进步，他们就会变得非常开心，起码会有一段时间不吵架。相反，如果晓茹的成绩一直原地踏步，甚至出现倒退，爸爸妈妈的关系就会随之恶化。

在这双重压力下，晓茹不仅要为自己好好学习，还要为维持父母的关系而努力学习，因此，她的忧患意识很强。只是，她的成绩已经够出色了，为了在全班名列前茅，她已经使尽了浑身解数，再提高谈何容易？所以，她只能用时间去比拼。

晓茹"嗜考症"的关键原因在于，考试能给她带来快乐、自信和掌控感。对于晓茹来说，取得好成绩就可以随心所欲地得到她想要的一切，而且让她当上家庭的"救世主"，这都是对她的"过度奖励"。

通过咨询我还了解到，晓茹的父母因为忙于生计，在晓茹八个月时将她送给奶奶带，直到6岁上小学才把晓茹接到身边。因此，晓茹的安全感差，尤其是与母亲的母婴依恋关系较差。她时常有一种被抛弃的恐惧感，而好的学习成绩是消除恐惧感、增强安全感的唯一手段。同时，她通过取得好的学习成绩，可以让父母维持完整的家庭，她因此得到一种可以掌握家庭局势的满足感和成就感。这种可以主宰家庭命运的"掌控感"是一种很强的心理动因，并且容易形成心理惯性，让她更加把学习成绩看成头等大事。由此，晓茹考试成瘾就不难理解了。

同时，晓茹的父母把考试成绩作为孩子价值取向的唯一标准。如果考好了，她会得到极大的奖励；在其他方面，无论她做得多么好，都得不到

这种奖励，甚至根本就得不到奖励。例如，上初二下学期的一天下午，晓茹的同桌把钱包弄丢了，晓茹陪她在校园里找了很久才找到，结果回家晚了半小时。妈妈听晓茹说明原因之后，不仅没有肯定她这种助人为乐的行为，还抱怨她耽误学习、让家长等得心急……唠叨个没完。相反，如果晓茹考砸了，妈妈就会给她很严厉的惩罚，这也是催生晓茹考试上瘾的重要因素。

我对晓茹非常担忧，因为从她当前的表现来看，她有点向强迫症发展的倾向。她虽然拼命地学习，可是学习效率却越来越低。尤其是她这次的月考成绩从第一名下降到第六名之后，让她更加焦虑不安。她一方面期盼着下次考试，希望赢得好成绩，给自己找回信心；另一方面，她又产生了考试焦虑。这种心理冲突越来越严重，以致让她白天高度紧张、焦虑，不能集中注意力学习，晚上整夜失眠，第二天没有精神，陷入恶性循环状态。

我告诉晓茹妈妈："考试上瘾的危害不亚于迷恋网吧，是对心理机能的严重破坏，就仿佛是一个恶魔控制她的心灵，让她完全做不到趋利避害。过度迷恋网络，需要心理干预；考试严重成瘾，更需要心理干预。如果孩子这样发展下去，她最后有可能会成为强迫症或偏执型人格障碍，成绩将成为她生活中的唯一支柱，这个支柱一旦坍塌，她就有可能成为精神分裂症患者。"

晓茹妈妈明白了利害关系之后，表示愿意说服丈夫，共同配合我做好孩子的心理矫正工作。

综合施策帮女儿找回真正的快乐

再来咨询，是晓茹的爸爸妈妈一起来的，他们都为女儿的未来担忧，但又无计可施。我告诉他们，我会给晓茹做专门的心理辅导，但是家长的

配合也非常重要。

结合晓茹的情况，我给他们提出五条建议：

一、调整对女儿的期望值。不要把孩子的成绩看得太重要，而要把孩子的快乐放在第一位，要鼓励女儿享受知识带来的快乐，而不是仅仅追求考试成绩带来的结果。享受知识是天然的快乐，是一种内部评价体系，让他们非常独立、自信，长大以后会更独立、更有创造力。考试上瘾的孩子，快乐掌握在别人手中，追求的是家长、老师等外人的奖励和认可。她的学习动力全来自比较，即"我一定要比别人得到的更多"。如果别人比自己考得更好，她就认为自己是失败者，就会痛苦、焦虑。因此，家长要降低对孩子成绩的期待，不与别人比较，多看孩子的优点，鼓励孩子遵照本心学习和生活。

二、不要只根据成绩好坏奖罚孩子。孩子取得了好成绩，可以和他一起分享快乐，但不必给予他很高的奖励。因为外部奖励太频繁，会夺走孩子内在的喜悦。对孩子而言，考试成绩好本身就是一种奖励。如果他爱学习知识，那么这就是他对学习知识的认可，这会带给他内在的喜悦。这种内在的喜悦是最好的学习动力。如果频繁给予物质奖励，这种内在喜悦就会被外在的奖励所取代，孩子的学习动机就会变得不单纯了。

三、孩子考砸时，要给予理解而不是责骂。晓茹患"嗜考症"的原因之一在于父母对她的学习要求相当苛刻，考好了，其他问题都可以不追究；考砸了，其他方面做得再好也得不到认可。甚至有一次晓茹考了全班第一，妈妈对她说："有什么好得意的，这点成绩就翘尾巴了？你考了全校第一才算有本事呢！"这种行为方式，父母必须要及时调整，否则贻害无穷。

四、要让孩子适度参与家务。在晓茹父母眼里，学习成了女儿的唯一任务。妈妈对晓茹照顾得无微不至，晓茹过的是衣来伸手、饭来张口的生活，从来没有洗过自己的内衣内裤，拖地刷碗之类的活儿晓茹也从来没

有机会做。在这种教育环境中，她只有把成绩当作唯一的精神支柱。所以我建议晓茹妈以后多给女儿做家务活的机会，甚至可以让她到农村体验生活。在农村，15岁的女孩可以做全家人的饭、洗全家人的衣服，能够把家务打理得井井有条了。

五、鼓励女儿有其他爱好。 从谈话中，我了解到晓茹从小非常喜欢音乐，但是因为买不起乐器和怕耽误学习，不得不把这个爱好先"藏起来"。12岁生日时，她用自己的零花钱买了一个口琴，心情烦躁时就吹一会儿。可是妈妈说她不务正业，所以她只能趁妈妈不在家时吹，或者默默地把玩着口琴想心事。我建议父母今后多鼓励女儿学音乐，女儿吹口琴时，多夸她，同时不要让女儿把爱好当作任务，否则爱好就变成压力了。

通过三个月的心理辅导，加上她父母积极的配合，晓茹的心理状态有了明显改变。首先是焦虑、烦躁的情绪得到了明显缓解，不再像以前那样执着于学习了。她找到了学习之外的乐趣，除了吹口琴，她还学会了吹笛箫。她与同学们的关系也和谐了许多，她感受到了友谊、亲情等比学习成绩更有价值的东西，对生命的意义有了新的领悟。

又经过两个多月的巩固，晓茹已经完全摆脱了"嗜考症"控制的痛苦，充满青春朝气的脸上绽放出灿烂的笑容。她的学习成绩仍然很优秀，但她在享受知识带给她快乐的同时，也拥有许多快乐的源泉。

晓茹在微信里告诉我："好的人生，应该是丰富多彩的，我正值青春韶华，应该拥有多种多样的快乐，而不是只有考试一种。"我调侃她说："'学霸姐'变成了'快乐姐'，我终于可以放心了。祝愿你生活得越来越幸福！"

咨询手记：中国作为考试大国，热衷考试的学生足以海量计，却很少有家长或老师认为这有何不妥。如果把极端热爱考试称为"嗜考症"并加以思考，就会发现，"嗜考症"也是不健康心理的表现，应引起重视和干预。只是个体的病可以治，造成"嗜考症"的外部环境该怎么治呢？

"嗜考症"其实是一个价值追求问题。社会对"嗜考症"这个概念不太熟悉，但其反映出不同考试表现学生之间的隔阂，说明了极端热爱考试的学生在价值追求上的"唯考试至上"，换句话说，他们就是要通过分数证明自身价值。这种表现实则是让学习的本义扭曲。学习是为了探究知识和智慧，要实现人的充分发展。"嗜考症"则是让学习异化为"通过碾压别人实现自我价值"。学生时代有"嗜考症"的人，进入社会，没有了让自己感到成就感的"参照对象"，便不能再保持对学习的渴望和热情。许多"高考状元"走出学校，失去了"嗜考"的动力，而不再继续学习而变得泯然众矣。学习是因为发展自身需要的兴趣，或是为了解决具体问题，这样的学习才可持续，为了虚荣心而学习，不但可持续性有限，而且是一种错误的学习价值观。

"嗜考族"的问题出在家庭、学校和社会上。社会上崇尚"学霸文化"，导致患有"嗜考症"的学生沾沾自喜；学校对学生的评价方式单一，导致学习上一招鲜的学生"奇货可居"；家庭以成绩为导向的评价和奖罚机制造成孩子成为"成绩控"。这样单一的人才评价标准，扼杀了太多在其他方面有天赋的天才。唯分数论、唯学霸好，只会让"嗜考症"越来越泛滥。

期待家庭、学校和社会为孩子们共同营造绽放各自生命姿态的成长氛围，别让"唯考试至上"成为孩子的价值追求。

青春期的叛逆：棍棒底下出"逆子"

很多人都被"打是亲、骂是爱"这句话欺骗了，小时候被父母打骂，成年后又打骂孩子，这种潜意识地重复自己成长模式的结果便是"逆子"代代传。因此，所谓的命运，不在别处，就是内在的关系模式。当改变了自己内在的关系模式，也就在相当程度上改变了命运的轨迹。而成长的起点，便是觉察与接纳！

1 她在父亲的打骂下扭曲成长

导语：高二女生冰雨原来活泼开朗，朋友很多，近期朋友突然都离她而去，感觉自己被整个世界抛弃了。她相继谈了四个男朋友，但每次都是相处不到两个月就分手了，自己在伤害别人的同时内心也很受伤。现在她很难接纳被现实磨得自私、圆滑的自己，深陷自我迷失的恐惧和焦虑之中。然而追溯她的家庭成长环境，她竟然像一株被压在石块瓦砾中的小树苗，哪怕扭曲自己，也用尽全身力量拼命生长。

连遭冷落让她犹如置身孤岛

冰雨原来是个非常乐观开朗的女孩，极具娱乐精神，因此有很多朋友。但是最近接二连三发生的事情，让她无法承受。

第一件事：冰雨去年谈了个男朋友，是在网上认识的。他们聊得非常开心，但是今年春天，男友突然就不理她了，说是高考压力太大，没时间上网。尽管她给他很多留言，但是他从来都没有回过。后来，男友把她从好友里删除了，而且还退出他们共同的交友群。高考之后，她给他打电话，他一直不接。她通过别的同学联系他，他仍然不理她。她伤心得半夜蒙在被子里哭了几个小时。

第二件事：冰雨和一个男生是好朋友，也经常在网上聊天。可是最近每次和他聊天时，他都不太爱理她。她问他原因，他说谈了女朋友，怕女朋友看到吃醋。后来，他也把冰雨从好友里删除了。

第三件事：冰雨和最好的闺密发生了冲突。原来她们都是不太用功学习的那类人，虽然成绩也算中上等，但是她们业余时间多是上网聊天、看

小说，纯粹是学渣作派。因为马上就要上高三了，冰雨劝闺密多放些精力在学习上，结果惹得闺密大为不悦，说她们不是一路人，从此就不再理她了。

这三件事接连发生，让冰雨感到非常苦恼。原来非常闹腾的、有热度的生活忽然间变得异常冷清，她忽然发现自己连个倾诉心声的人都找不到，如同置身在一个孤岛之上。

冰雨开始变得与原来不一样。她原来遇到痛苦时就转移注意力，自己找个乐子，一会儿就把烦恼忘记了，同学们都说她挺开朗的，妈妈也说她是没心没肺。但是这次，她却很想自己静静地思考，独自咀嚼苦涩的滋味。她想知道：自己是怎么了？为什么会成了现在这个样子？

假装开心是她逃避痛苦的方式

冰雨在网上向我求助，我详细了解了她的家庭成长环境。说起家庭，她的大脑一片空白，她无法描述对父母的感觉。她的父亲在外面非常温和，回到家里却像是变了个人，强势霸道，对她和妈妈非打即骂，只要看哪不顺眼，抄起东西就打。

父亲经常对冰雨骂很难听的话，各种讽刺、挖苦和贬低。例如，当她和同学一起出去玩时，父亲会骂她："你又出去鬼混吧，万一怀孕了看你咋有脸上学！"放暑假前夕，她在家复习功课，父亲一天三次冲进她的房间检查她是否在学习。前两次她都在写作业，第三次时，看到她躺在床上发呆，父亲立即发火。她辩解说自己学累了刚躺一会儿，没想到父亲揪起她就打。

冰雨特别怕父亲在家，父亲在家的时候她总是尽量回避。父亲已经一年没有上班了，经常和朋友们一起出去喝酒、打牌、吹牛，她们家的全部经济开支全靠妈妈的工资支撑。

冰雨说："我已经记不清从什么时候开始被父亲打骂，也记不清挨了多少次的打骂，我已经变得麻木了。他打完我，我转脸就可以有说有笑，我甚至可以脸上挂着泪水打电话和同学们开玩笑，而且笑得在床上打滚。可能这就是我逃避痛苦的方式吧。生活本来就是这样的，我不想把自己弄得很凄惨。"

冰雨最忍受不了的是母亲也挨打。母亲是那种凡事忍耐、逆来顺受的人，她不知道怎么保护自己。她什么事都顺着父亲，从来不敢激怒他，但是父亲还会时不时地找茬发威。为了躲避父亲，她在高二下学期选择了住校。一个周末，几个同学相约宿舍里聊天，她就给母亲打电话说不回家了。可是不到十分钟，母亲又给她打电话："小雨，你快回来吧，你爸又发火了！"听到母亲那可怜的声音，她急忙往家赶。可是到家时父亲已经走了，母亲还缩在沙发里哭泣。她掀起母亲的衣服，看到胳膊和后背上都有淤血，她当时气得一句话也说不出来。她没有回家和母亲有什么关系？母亲有什么错？他为什么要打她？可是她也无能为力，母女俩抱头痛哭一场之后，生活又恢复平常，好象这件事从来就没有发生过。

冰雨遇到的最大问题是人际关系困扰。她发现自己很花心、很无情、很自私，根本不能和别人发展长期、稳定的亲密关系。她相继谈了四个男朋友，除了那个网友是主动与她分手之外，其他三个都是她提出分手的，而且相处的时间都没有超过两个月。开始时，他们的关系都非常好，可是每到一个多月的时候，她就会感到厌倦，不想再处下去了。她无论如何也打不破这个魔咒，渐渐对自己丧失了信心。

冰雨还发现自己在慢慢地变得自私。因为以前碰见什么事，有人跟她抢，她就直接让给人家，而现在她会不顾一切地争抢过来。她的思想从"怎样都可以啊"变成了"不，谁都不能做对我不利的事"，而且还会学会了搞战术和用手段，她觉得自己很卑鄙。

住宿舍之前，冰雨完全不知道勾心斗角是怎么回事，住宿舍后被一个

很会用心计的女孩牵制得很厉害。有个舍友跟她关系不错，告诉她不能太善良，要多留个心眼。后来她学会了"留心眼"的思维方式，却发现世界上满是敌意。现在，她没有了以前的朝气蓬勃，甚至经常死气沉沉。

种种困惑缠绕着冰雨，她感觉心里像一团乱麻，怎么也说不明、理不清。

扭曲成长是一种自我保护机制

当冰雨一股脑地把烦恼向我倾诉出来后，她心里感觉无比的轻松。我极其有耐心地倾听，无条件地接纳，不断地给她鼓励。我说："敞开心扉的倾诉本身就有治愈的功效。你要相信自己是很棒的！"被多次肯定和鼓励之后，冰雨的自信心逐步得到回升，她感觉又找回了原来那个快乐的自己。

接下来，我帮冰雨分析了她的性格特征及形成的深层次原因。

冰雨因为长期处于父亲的暴力控制下而又无力反抗，只能采取逃避的方式面对痛苦，注意力总是自觉地向积极的回忆靠拢，不去想那些痛苦和糟糕事情，这是一种把深层次的痛苦压抑到潜意识的自我保护方式。另外，她还存在着一个固化的观念："我若不给别人带来欢乐，就没有人会爱我。"因此，她总是表现得很乐观，害怕面对负面情绪。在别人眼里，她快乐热心，多才多艺，对玩乐的事非常熟悉，亦会花精力钻研。因为她害怕严肃认真的事情，她认为人生有太多开心的事情等着她，没必要在痛苦中浪费时光。她选择过愉快的生活，不断创新、制造开心，以嬉笑怒骂的方式对人对事，把人间的不美好化为乌有。

冰雨的人际关系是活跃型的，乐观、好动、精力充沛、贪新鲜，"要玩得开心"就是她的生活哲学。因此当近期接连遇到的三件事让她不开心

时，她感觉找不到自己了。她很需要生活有新鲜感，不喜欢被束缚、被控制。她做事缺乏耐性，怕郁闷，不耐烦之余，也很容易冲动行事，因此谈的几个男朋友说分就分了。虽然有时她也会后悔，但当时就是控制不住这样的冲动。

冰雨最害怕没有朋友，害怕被困于痛苦之中不能自拔。她看似没心没肺、凡事不过大脑，其实是因为脑子转得太快了。她对学习根本没有投入太多的精力，成绩却仍然保持中上等。她自认为智商很高，对知识一学就会，但是只博不精，都是很浅浮的了解。她极度地以自我为中心，攻击别人，易冲动。吵架时总是说最后一句话，证明自己是胜利者。她是典型的理想主义，希望只有快乐没有痛苦。

通过多次的分析和梳理，冰雨终于明白，她的这些性格特征和行为表现都是在父亲打骂下形成的一种自我保护机制，是在恶劣生活环境里的扭曲成长。当她对自己有了清醒的认识时，她已经超脱了痛苦。

我对冰雨说，人生首要的功课是接纳自己。当一个人能够接纳自己全部的优点和缺点时，很多痛苦就会迎刃而解。我鼓励她说："你是个有悟性的孩子，根本不需要教你方法，相信你有调整自己心态的能力，相信你会成长得越来越好！"她真诚地向我致谢，感谢我让她带着自信和对生活的美好憧憬重新启程。

通过这段痛苦的磨砺，冰雨的心理更加成熟，面对挫折的能力更强。随后，冰雨全身心投入到高三学习之中，以优异的成绩回报母亲含辛茹苦的培育，也努力给自己寻找一方自由成长的空间。

咨询手记：做完这个咨询，我的心情非常沉重。冰雨的父母对她实施的家庭暴力实在超出了这个娇弱女孩能够承受的程度，然而冰雨却能够化悲伤为微笑，活成一个阳光少女。这让我想起被压在瓦砾中的小树苗，哪怕扭曲着也会用尽全身力量拼命生长。由此，我不得不感叹冰雨惊人的生

命力。

冰雨的父亲可能认为，女儿不听话，说一下、打一下根本不算家庭暴力。其实他的行为已经是典型的家庭暴力了，并且给孩子的身心健康造成了严重伤害。

家长打骂孩子是一种陋习和恶习，是智慧不足的表现。这一瞬间，家长以为自己强大而正义，其实是缺少理智、恃强凌弱，在弱小的孩子面前心理全部失守，只能从体力上给自己找平衡——在爱的名义下施暴。许多人在外人面前表现得谦和并富于教养，唯独在最亲爱的孩子面前，不自觉地流露出粗野。因为，在弱者面前，最能流露一个人的真性情。

无数事实证明，家庭暴力会对孩子造成无法估量的心理影响。孩子经常挨打或挨骂，会使他们产生怨恨、逆反、畏惧、自卑、无助、暴躁、孤独、撒谎、固执等心理，让孩子心灵扭曲，对家庭的信任度和对家长的依赖度下降，内心没有安全感。如果是男孩子，家庭暴力的心理阴影会导致其性格内向、怪癖甚至朝凶残方向发展。

追寻家庭暴力的源头，往往是家庭成员负面情绪过多、攻击性情绪增长，出于释放能量的一种需要而产生暴力行为。家庭是一个系统，当情绪在系统里传递时，往往会从强到弱。因此，孩子往往是家庭里承接负面情绪的受害者。如果这样的情绪转化不当，很可能出现孩子自我攻击或攻击他人的现象。

从心理健康角度讲，这样的行为是可以预防的。主要是家长要对自己有所认知，了解自己的情绪和行为表达方式，了解自己的原生家庭对自己的影响，不断优化对孩子的教育方式。只有这样，家长才能够给予孩子爱的滋养和正能量的传递，才能保障孩子的身心健康。

② 童年创伤和棍棒教育让他成为"双面人"

导语：每个人在成长的过程中，都会发展出一整套保护自己的措施，这些措施可以是成熟的、强大的，也可以是不成熟的、脆弱的。"双面人"现象正是这种心理机能的呈现，是孩子经历了童年分离创伤和错误的家庭教育方式之后，产生自我保护机制和心理平衡能力的体现。下面让我们通过解读这个案例，一起了解"双面少年"的心理表现、形成根源和解决措施。

家外"暖"家里"冷"的双面少年

素叶在一家事业单位管财务，工作清闲有规律，大部分精力都倾注在家庭和孩子身上。她一直认为自己是个称职的母亲，给予儿子无微不至的照顾，接送他上各种补习班，给他做可口的饭菜，看着儿子一天天长大，她心里充满了喜悦。

素叶的儿子琦琦今年14岁，初三学生，爱好广泛，博学多识，尤其喜欢读诗弄文，不断有文章在市报副刊上发表，学习成绩稳居班级前十名。可以说，儿子是素叶和老公的骄傲。她也多次被评为优秀家长，还曾在家长会上作过典型发言。

琦琦在外人眼里是个无可挑剔的好孩子，不仅长相俊朗，英姿挺拔，成绩优秀，多才多艺，而且非常会关心人。与亲友相聚时，他总是很有礼貌地给亲友倒水，并调侃自己是"临时服务生"；如果几家人组团出游，琦琦便是"孩子团"的团长，他会把其他孩子照顾得很好，玩得很开心；在学校，琦琦人缘也极好，特别是有女生缘。他幽默风趣，总是可以轻松

地排解女生的烦恼，因此他成为许多女生的"男闺密"，也是同学们公认的"暖男"。

但是风光的背后，素叶和老公有深深的隐忧。琦琦回家来总是闷在自己的房间里看书，很少主动和家人沟通。素叶的亲子关系基本是和谐的，很少产生冲突。当母子产生分歧时，儿子总是退让，她便也无话可说了。

琦琦对父亲更是敬而远之，如果不是父亲酒后话多，父子俩几乎没有交流。父亲总是以教训人的口气对儿子说话，琦琦从来都是默然以对，常常弄得父亲很尴尬。

素叶几次对老公说："儿子的性格好像很分裂，在家里和在外面判若两人，像是个'两面人'！"老公建议去做心理咨询，他们因此找到了我。

童年创伤和成长经历让他感到家里"冷"

周六下午，素叶和老公如约来到心理咨询室。他们在叙述儿子家里家外反差很大的行为表现时，表现出强烈的焦虑情绪。我始终保持耐心地倾听和很好地共情，这让她和老公悬着的心渐渐放下，毫无保留地把"家丑"说了出来。

我让素叶和老公回忆对儿子的教育过程，并把着眼点放在儿子的童年时期。

素叶和老公结婚时才22岁，当时老公在部队还没转业，原本不想那么早要孩子。可是婚假休完，老公回部队不久，她发现自己怀孕了。她给老公打电话说要去堕胎时，老公有点犹豫。当晚，老公的姐姐来到家里劝她："我结婚多年未孕，能怀上孩子是值得庆幸的事，千万不能打胎，还是趁年轻早要孩子。"最后，姐姐祈求素叶说："把这个孩子生下来吧，我替你养着。"素叶经不住老公全家人的一再劝说，同意把孩子生下。因

此，次年四月，素叶在老公的姐姐家生下了儿子琦琦。老公的姐姐对素叶和琦琦照顾得无微不至，因此她对姐姐充满感激。

姐姐住在郊区，家境殷实，琦琦在物质方面很满足。素叶每到周末都要去看琦琦，看着儿子一天天地长大，她心里五味杂陈。特别是琦琦学会说话之后，每当看到儿子抱着姐姐的腿叫妈妈，每次听到姐姐说："琦琦，舅妈来看你了，快叫舅妈好！"素叶的心里都非常纠结。

婚后第四年，素叶的老公转业到地方工作，生孩子成了她们的头等大事，但是她却迟迟不能怀孕。去医院检查，发现她得了子宫肌瘤，而且比较大，医生建议马上手术。幸亏是良性瘤，手术做得很成功。医生叮嘱说，子宫肌瘤的不孕率约为30%~40%，让她注意术后保养。

虽然老公对素叶精心照料，她也时刻注意保养身体，做梦都想再生个小宝宝，但是一年多过去，肚子依然平平如故。这时，素叶天天做梦想琦琦，每次到姐姐家去看他，回来都泪流满面。琦琦4岁半了，乖巧可爱。她想要回自己的儿子，可是姐姐不同意，老公也左右为难。可是她铁下心要儿子，打算走法律程序讨回自己的抚养权。老公无奈，动员所有家人做姐姐的工作，最后终于让素叶把琦琦抱回了家。

常言道"生母没有养母亲"，琦琦回到素叶家之后，感到很陌生，看她和老公的目光总是怯怯的。素叶让琦琦改口叫爸爸、妈妈，可是他执意叫舅舅、舅妈，后来干脆啥也不叫，直到上幼儿园大班的一次亲子活动中，儿子才开始叫素叶妈妈。

素叶的老公原则性强、性格暴躁，从琦琦上小学一年级起，他就给儿子定了许多规矩，稍有违犯就给予惩罚。琦琦从6岁开始学跆拳道，练功稍有懈怠，他就训斥，儿子稍有不服他就用武力制服。儿子动不动就被打得哭着找妈妈求保护，可惜那时，素叶被老公洗脑了，并没有给儿子支撑一把爱的保护伞。

素叶老公的教育理念是，男孩不打不成器，从小就得受磨炼，这样

才能有责任、敢担当。素叶当时也认同老公的观点，因为老公就是被父亲"棍棒教育"成功的典型。他除了脾气有点暴之外，其他方面都很好，是个厚道、仗义、有责任心、有魄力的男子汉。素叶希望儿子也能像老公一样优秀。因此，当儿子挨打时，素叶虽然心疼，却站在老公一边给儿子讲道理。琦琦渐渐地也不找妈妈诉苦了，而是学会了察言观色，尽量减少和父母的冲突。

琦琦上小学三年级时，因为和同学打扫卫生产生矛盾，两个孩子打架被老师发现了。老师让请家长，琦琦不敢说，在校外转到天黑才回家。第二天，又不敢进教室。老师打电话说琦琦没有上学，素叶急忙打电话让老公回来一起找儿子，找到晚上10点多也没找到，她快急哭了。最后还是老公想起给姐姐打个电话，琦琦果然在姑姑家。老公把琦琦接回来之后，二话不说，拿起皮带就打。琦琦痛得满地打滚，却一直不哭。素叶看得心疼，上去夺过皮带，老公气得浑身发抖。素叶哭着劝琦琦给爸爸认个错，琦琦却始终一言不发。虽然过后素叶做了很多安抚工作，可是琦琦从此越来越沉默了。

琦琦最大的爱好就是看书，他常常把自己关在屋里一坐就是半天。上初中之后，儿子没有表现出过多的叛逆，而是越来越顺从了，很少与父母顶嘴，学习成绩也越来越好。素叶和老公还自鸣得意地认为这是"棍棒教育"的效果，直到发现儿子与父母越来越淡漠，才感觉有点不对。

去年的母亲节，素叶对儿子说，非常希望得到他的祝福。儿子说："我知道您和我爸是真心对我好，可我对你们没有爱，只有尊重和感激。这份感激我表达不出来，话到嘴边也说不出来，我也不知道这是为什么？"

琦琦的疑问也是素叶一直想解开的心结。

我对素叶说，童年创伤和家庭教育模式是造成琦琦现在行为分裂的症结所在。接下来，我向她讲明了缘由，并提出了矫正方案。

"双面人"现象是心理平衡能力的体现

我对素叶解释说，一个人的基本人格是在6岁前通过父母与孩子的关系模式形成的，而家庭环境和父母的教养方式，也会对人格形成具有较大的影响。琦琦之所以出现"双面人"现象，主要有以下几个方面的原因：

首先，童年时期的分离创伤成为亲子关系的潜意识障碍。琦琦在4岁半之前是在姑姑家度过的。父母没有在婴幼儿时期与之形成亲密的依恋关系，更缺乏身体上的亲密接触，这是琦琦对父母产生陌生感、距离感的最根本原因。即使当琦琦长大之后，他理智上知道父母是爱他的，当他想向父母表达爱与感激的时候，这种陌生感和距离感仍然是他无法突破的障碍。

其次，父亲的"棍棒式"教育是造成琦琦"双面人"现象的推手。如果在亲子关系非常好、孩子的安全感非常强的情况下，父亲采取这种教育方式，或许不会造成这样的后果。但是琦琦从小没和父母一起生活，安全感差，与父母的情感链接不紧密。而且小小年纪就经历了从离开生母到离开养母的两次分离创伤，还没有度过心理适应期，父亲就迫不及待地给儿子定规矩，进行严格管理，这使他幼小的心灵受到叠加伤害。

然而，孩子在小的时候，无力反抗父亲的权威，他只有屈从，这就埋下了成为"双面人"的祸根。因为琦琦只能把自己伪装起来，才能不挨打，从而减少肉体和精神上的痛苦。同时，素叶没有真正倾听儿子的痛苦，没有接纳、认同和理解儿子，而是站在丈夫的角度给儿子讲道理。于是琦琦就想："反正跟你们说也没用，不如沉默！"于是"沉默是金"成为琦琦在家里自保清静的法宝。每个人在成长的过程中，都会发展出一整套保护自己的措施，琦琦的沉默正是这种心理机能的呈现。

最后，自我保护倾向让琦琦到外面寻找温暖。其实，琦琦是个非常聪明的孩子，加上他读了许多书，他便很自然地把所学知识用于经营外部

的人际关系上面。而他也从外部良好的人际关系中，得到了温暖的情感依恋、自信心的提升和心理的平衡。尤其是当他得到别人的认可和赞赏时，他这种行为就会得到强化。因此，看起来琦琦家里家外判若两人是非常矛盾的，其实是正常的心理表现，说明琦琦具有较强的自我保护和心灵平衡能力。

听完我的分析，素叶和老公茅塞顿开，急于寻求弥补措施。

我说："爱是根治心病的良药。你们要无条件地接纳孩子，多找机会与孩子交流，多带他参加一些增进亲子关系的活动，要让他感到他在父母心里是受重视、受尊重的。"我建议他们也可以让琦琦来做一次意向对话，让他心里那个认为不被爱、不被重视、不被尊重、受委屈的"内在小孩"真正原谅、接纳和亲近自己的父母，从而克服自己向父母表达真实情感的障碍。因为只有琦琦内在的自我关系和谐了，才能以真实的自我与父母相处，才能重新建立起自然和谐的亲子关系。

经过两个多月的心理矫正和参加三次亲子关系工作坊，琦琦终于突破了情感表达的障碍。在一次摹拟出生场景的体验中，琦琦抱着素叶哭得泣不成声，终于说出了"妈妈，我爱你！"今年的母亲节，琦琦给素叶买了一束康乃馨，并附上一首深情的小诗，把对妈妈的爱和感激表达得委婉而深沉。

爱就像一股清澈的河流，即便是血脉相通的亲子之爱，也有被泥沙堵塞的时候，及时疏通河道，河流依然会变得清澈。

咨询手记：家长们总以为别人家的孩子哪里都好，而自己家孩子浑身都是毛病。在别人眼里，琦琦是个才貌双全的少年；而在爸妈眼里，他却是个情感冷漠、不懂感恩的孩子。岂不知，那是因为琦琦从来感受不到来自父母的爱和温暖，只有父母"棍棒下"的胆颤心惊和被说教的厌烦。

棍棒教育是中国传统的家庭教育手段。很多家长之所以相信"棍棒

出孝子"，是因为年幼的孩子为免受皮肉之苦，只好乖乖顺从家长，成为"听话"的孩子。家长以为这种教育是值得的，哪怕孩子会痛、自己也会心痛，为了让孩子变成"好孩子"，有些家长还会对孩子痛下毒手。

这种棍棒教育之下，是孩子心里陈年累月无法释怀的痛，可能给孩子带来无形的长久的伤害。家长本希望引导孩子走上正路，但是往往会让孩子因此变得胆小、自闭、遇事躲避，有的孩子则会开始产生强烈的叛逆心理，伴随着"怨恨"的情绪，处处或明或暗与父母作对。

幸亏琦琦父母及时求助，纠正了错误的教育方式，疏通了爱的河流，用亲情融化了孩子心里的坚冰。否则，琦琦的人生也将会是一个悲剧。

③ "魔王父亲"造成女儿自轻自贱

　　导语：一位父亲内心非常爱女儿，并且也认为女儿很优秀，但是他却将父爱"隐藏"起来，用非打即骂的严厉方式"教育"女儿，造成了女儿深深的自卑、无价值感和自轻自贱。幸亏女儿主动求助，才给父亲提供了觉醒和改变的机会。但是父亲长期的打骂已经对女儿的心理健康和人格形成造成了严重影响，需要女儿经历痛苦而漫长的过程来愈合伤口。那么，让我们看看隐藏的父爱是如何影响孩子的心灵成长的。

高二女孩患上"受虐强迫症"

　　小凤是在网上向我求助的高二女孩。她在QQ里给我留言说："我得了'受虐强迫症'或者'关系受虐狂'。我喜欢一个男生，可是他不喜欢我。我每天都死皮赖脸地找他，千方百计找机会和他搭话。他厌烦时会对我说很难听的话，这虽然让我很伤心，但我还是忍不住找他。然而对于喜欢我的男生，我却是躲避，我认为那些男生根本不是真的喜欢我。"

　　小凤急于摆脱自己这种"受虐"的心理状态，常常在网上求助或者搜索资料，对照自己的问题进行自我探索，找各种心理量表进行自我测评。我建议她去当地找专业的心理咨询机构。她说在当地里找不到心理咨询室，也没有支付咨询费的经济能力。我不忍心看她胡乱对号入座地给自己贴上"受虐强迫症"或者"关系受虐狂"的标签，在她的多次请求下，答应每周六晚上通过网络视频给她做咨询。

　　小凤这样描述她的原生家庭："我的父母都没有多少学问，妈妈在一家药店当店员，爸爸在事业单位上班。我和妈妈给爸爸起了一个外号叫

'魔王'，因为他总是很严厉，对我非打即骂。他性格比较倔强古板，从来不苟言笑，对我的管理非常严苛。记得小学四年级的一个周六下午，该去舞蹈班上课时天降大雨，我不愿去。爸爸非逼着我去，催了几次我还是坐着不动，他突然就发火了，一巴掌打在我的脸上，我的耳朵嗡嗡作响，头晕眼花，感觉鼻子里像有虫子爬动，用手一摸，满手鲜血。我哇地哭了起来。我妈赶快跑出来去拉我，可是被爸爸推出很远。他仍逼问我：'到底去不去舞蹈班？'我听到窗外的狂风暴雨，心里充满了恐惧，依旧沉默不语。他呵斥我：'你是哑巴吗？今天就是下黑雪也得去！'我的鼻子一直在流血，我害怕自己血流完会死，就哭着点点头。妈妈也一直哭着劝他：'别逼孩子了，先让她止住血吧！'就这样，我才得到妈妈的照顾。在休息了一会儿之后，我和爸爸都穿上雨衣，我坐着他的电动自行车，冲进雨幕之中。整个跳舞过程，我就像个机器人似的，没有任何感觉，只是机械地跟着老师比画，不敢停下来。那天晚上，我发了高烧，感觉自己躺在血泊之中，快要死了。那场病，持续了将近一周时间，妈妈始终陪伴着我。虽然爸爸也跑前跑后地拿药、交费、送饭，但是他始终黑着脸，似乎这都是我的错，是我给他们找了麻烦，我甚至能够从他的表情里看到他对我的厌恶和愤怒。"

小凤说起他和父亲的关系时，总是有很强烈的情绪起伏。她说："我始终与魔王保持很远的距离，甚至刻意躲避他。他不在家时，我感觉非常轻松自在，只要他一回家，我的心就缩成一团。自从上初中以来，我和他的冲突日渐增多，我甚至有和他大吵一架、从此不再相见的冲动。因此，在初中时，我没少挨打。回家晚了、学习成绩下降了、没有按照他的要求去补课、不按时起床、玩手机、没洗碗……他总是有很多训斥或者打我的理由，以致他不打我骂我，我就感觉不正常了。上高中之后，我毫不犹豫地选择了住校，却遭到魔王的强烈反对。但是这次不论他怎么大发雷霆，我就是不回去，并向他宣告：'如果再逼我，我永远不回家。'他不得不

向我妥协。我终于不必每天看到魔王，终于可以拥有自由空间了。正是因为住校，才使我有机会发现自己的心理问题，并由此开始自我反省、自我探索的历程。"

通过两次咨询，我了解到小凤其实是个非常优秀的女孩，自我觉察能力很强，很有礼貌、有非常好的语言表达能力、独立性强、学习成绩也很好。当我把这些信息反馈给她，并且对她说"你是个优秀的、可爱的、值得被爱的孩子"时，她的情绪非常激动，掩面痛哭，不可自抑。我默默地等待她平静下来。她说："每当听到别人说'你值得被爱'时，我就非常心酸，因为我觉得自己是不值得被爱的，我喜欢作践自己，我就是贱啊！"说完，又以手遮面，沉默了。

打骂让女儿离自己越来越远

到第三次咨询时，小凤的心情仍然非常糟糕。她一上来就开始吐嘈："昨天英语有一部分题，同学告诉我不是作业，我就没写。没想到刚上课，老师检查作业，居然就是那部分题，因此我被老师特别严厉地呵斥了一顿。就在8小时之前，我刚刚被魔王以同样的口气呵斥，各种委屈、难过、不开心，我根本没法学习了！"短暂的沉默之后，小凤突然问我："您介意和魔王聊聊吗？通过您的疏导，可能会让他的状态好一些。"

第二天，小凤的父亲就加了我的QQ，我们仍然约定在周六晚上进行咨询。通过视频，我看到小凤所称的"魔王"的确长着一张刻板、冷漠、严肃的脸，声音非常硬。一上来他就说："我女儿跟你说了什么？你说吧！"我微笑着问他："你感觉她会说什么呢？你了解女儿吗？"他仍然板着脸说："不知道，我们之间没啥话可说！她遗传了我的倔强，现在非常叛逆。"接下来，他说了很多对女孩的不满和担心。例如，他担心女儿

住校不安全，怕女儿结交不好的朋友，怕女儿不按时吃饭和作息而影响健康；他对女儿上网感到非常担心和无奈，女儿把平板电脑、手机都放到自己房间里或者带到学校去，经常上网到很晚，影响睡眠，视力越来越差，学习状态不佳，而且他非常害怕女儿在网上聊天遇到坏人；他还说，女儿不吃家里做的饭和学校的饭，经常到外面吃一些垃圾食品，不关注自己的健康；他最担心的是女儿早恋，简直让他措手不及，又无计可施……在他冗长的叙述中，我感觉他的语气起来越柔和，对女儿的怨气渐渐转化为对女儿的担忧和焦虑。

我对他说："你是一位非常有责任心的父亲，你一定非常爱女儿，并且为她操了很多的心，只是你的爱心女儿感受不到。因为你把自己的爱隐藏得太深了！"这位父亲感动得几欲落泪，脸上的表情也生动起来。我接着问他："假如完美的女儿是100分，你给女儿打多少分呢？"他不假思索地说："90分！"

我很诧异，女儿在他的心目中如此优秀，他为什么还对她非打即骂呢？他的回答很快消除了我的疑虑。

他说："我女儿非常任性、自主，她妈从小惯着她，简直就是纵容她。所以我必须对女儿严格管教，必须让她有所敬畏。而且我的性格就是这样的，不会温和。我的教育理念就是不打不成器，棍棒出孝子。"

我问他："你觉得自己的教育方法好吗？"

他一脸沮丧地说："不好！女儿离我越来越远，根本没法沟通了。我不了解女儿到底是怎么想的，不知道怎么帮助她，唉！"

我反馈说："你女儿的主要问题是感觉自己不可爱，不值得被爱，因为她没有感受到爱。如果女孩子成长过程中，尤其是6岁以前没有得到爸爸的肯定和夸奖，没有得到爸爸足够的拥抱和肌肤接触的话，当青春萌动的时候，她会急于去找男朋友。他会通过去依恋一个男人，补偿自己在爸爸那里没有得到的亲密感，并渴望得到男人的肯定；或者她会拒绝碰触

异性，不敢付出爱；或者她会在学习工作上拼命表现，从中得到肯定。因此，父亲爱女儿、肯定女儿、夸奖女儿、拥抱女儿，对她的一生有至关重要的作用。一个人的成长源自内心的爱，这是最可信的。一个没有获得足够爱的孩子，不太会表达爱，也不太会接受爱。"这位父亲恍然大悟，表示会反思自己的教育方式，尽量与女儿沟通，争得女儿的理解和原谅。

为爱改变帮女儿找回成长信心

第二天，我给小凤留言："昨天和你爸爸进行了视频咨询，虽然他很严厉，说话语气也很生硬，但是我感觉他非常爱你，而且对你评价也很高，除了对你不按时作息、爱玩手机电脑、吃不健康食品、住校不安全等方面担忧之外，其他方面都对你很满意。只是他爱你的方式不同，而且他自身的性格倔强，不会温和待人，所以你感觉父亲很不好相处。如果你们能够很好地沟通，相信会有不同的发现。天下所有的父母都希望给儿女最好的东西，只是他们认为的好东西不一定是儿女需要的，因此爱有时候会变成负担甚至是烦恼。希望你能够尝试着理解他、原谅他！"我希望小凤从接受父亲开始，尝试着接受自己、爱自己，这是咨询的关键转折点。

然而，小凤并不相信爸爸的爱。她说："我就像一块橡皮泥，开始捏的时候还会反弹，到最后被捏扁了，就没法保持原来的弹性和恢复原来的状态了。正如我和魔王的关系，你虐我，我抗议。然而你虐我到最后，我也就认同了、习惯了，也没法恢复到正常人的抗虐性了。这就是我的心理问题所在！"

在之后的咨询中，我尝试着让小凤学会接受现实和接纳自己。我采取认知咨询技术，引导她领悟："其实每个人都有成长的疼痛，然而不同的人有不同的对待方式，让人痛苦的并不是事实本身，而是对事情的看

法。"我希望她改变对父亲的认知和对自我的认知，最关键的是让她学会接纳自己，让她相信自己是个坚强、乐观、积极向上、值得被爱的人，只有接纳了自己，才会有心灵的宁静。

让小凤接纳自己的过程非常艰难。我给她分享了露易斯·海的《如何爱自己》中所介绍的十种方法，让她知道，每个人都是被上帝咬了一口的苹果，都不完美。要接纳不完美的自己，就像既接受白天也要接受黑夜一样。所有的缺点都是优点的基础，没有了缺点，优点也不可能存在。所以，只有完全接纳自己，才可能真正地改变自己。一个人如果不先爱自己，就不会真正地爱别人。

又经过三次咨询之后，小凤终于坦言："现在魔王已经算不得我的敌人了，我越来越深刻地意识到，我的敌人是自己的心魔！"她还告诉我："今晚回家了，刚刚爸爸和我聊了两句，语气比以前温和许多，我却感觉无所适从。我知道爸爸是爱我的，但是我恨他为什么把爱隐藏得那么深，以至于让我成为现在的样子！"

我敏感地捕捉到，小凤对父亲的称呼改变了。她不再叫他"魔王"了，这说明父女关系已经开始发生了改变，但是彼此都还需要一个适应的过程。我不断地给父女增强互相沟通的动力。小凤主动敞开心扉与爸爸聊天，让爸爸非常惊喜和感动，他给我留言说："原来认为，父母对孩子心里有爱就足够了，没想到爱的方式不恰当会给孩子造成这么大的伤害。我会改变的，只要能让女儿好，我愿意为她做出任何改变。"

虽然这位父亲有改变的决心，但是把隐藏的爱表达出来对他来说并非易事。为了突破自己，这位父亲选择了做长期的心理咨询和参加心理成长学习班。他意识到对女儿过度关注而忽略了妻子，并且对女儿的教育方式过于严苛和死板。因此，他从调整夫妻关系开始，慢慢地放下了对女儿的担心和焦虑，现在能够与女儿平等地沟通交流了。虽然他偶尔还会犯性格急躁的老毛病，造成家庭关系紧张，但是他会很快自我反省，并向妻子和

女儿道歉。

爸爸的改变带动了整个家庭能量场的改变，小凤理解了爸爸，也感受到了父爱的温暖，变得越来越自信了。但是她也知道，要从根本上改变"无价值感"的心理还需要一段较长的路要走，但是她对自己的未来充满希望。她要努力考上理想的大学，通过不断的自我成长和完善，成为最好的自己。

咨询手记：这是一个让我感受至深的咨询经历，让我明白了隐藏的爱也会造成亲子关系的困扰，明白了父母对子女赞赏肯定、和平沟通的重要性，感受到了因爱改变的力量。

父母都是爱孩子的，但是爱的方式却千差万别。如果不与小凤父亲交流，我们肯定认为小凤的父亲真的像"魔王"一样粗暴无情。他之所以这样对待女儿，源于他还处于"不会传递爱"的自然父母状态，而不是经过学习成长后的"智慧家长"。

我曾帮助小凤父亲梳理过他的原生家庭。他11岁丧父，母亲独自抚养他和弟弟，受尽了生活的磨难。母亲脾气暴躁，动不动就打他和弟弟。母亲的口头禅是："不打不成器"。他在母亲的严格管教下，考上了中专，端上"铁饭碗"。因此，他深信"打也是一种爱的方式"。直到他后来接受系统的心理咨询和心灵成长，才明白自己诸多行为方式皆来源自原生家庭。他害怕女儿再继承自己的错误行为方式，所以他才下决心改变自己。从这个意义上，要想当一个称职的家长，必须先要自我学习成长。

后来我继续跟踪案主小凤，她已经顺利考上了大学，选择了喜欢的专业，并且经常参加一些心理团体活动。她的学习成绩依旧优秀，有几个男生曾经向她表达爱意，她能够坦然地接受并给予理智的回应。她说，她的理想伴侣是一个温暖包容的男士，能够接纳她全部的优点和缺点，能够帮她治愈童年的创伤。我祝愿她心想事成，美梦成真！

4 叛逆少年内心渴望一个"安全岛"

导语：洪星是一个压抑了满腹委屈和愤怒的少年，他不知道该怨恨父母、老师还是自己。他不明白，母亲为何突然间从他的生活中消失？他为什么总被老师批评、被父亲打骂？自己为何一步步成了渣生和逆子？他在咨询室里的倾诉，表达了一个懵懂少年对人生意义的质疑和对前途命运的担忧。每一个生命都有向上生长的力量，当这种力量被扭曲、被打压时，就会变得逆反而具有破坏性。如何让孩子自由生长，让孩子的生命能量自然地流动，是每位家长面临的重要课题。

警察父亲与"戴手铐"的儿子

周五下午，我刚到咨询室尚未坐定，就听到急促的敲门声夹杂着怒骂声，我急忙打开门，看到一个健壮的中年男子拉着一个面色青黑的少年。少年的双手竟然被手铐铐着，我急忙把他们请进室内。中年男子仍在怒气冲天地责骂着，少年一副死猪不怕开水烫的模样，对男子的骂声充耳不闻，表情木然，目光冷漠。

从男子的语气和骂声中，我判断二人是父子。我首先接过男子的话茬，让他释放满腔怒火，把情绪平静下来。然后，我把父子俩分开，开始对成年男子进行访谈。

通过和男子的初步交流，我大致了解了基本情况：他姓洪，是位警察，平时对儿子洪星关注较少。洪星从上小学四年级开始性格发生明显变化，经常和同学打架，动辄就被老师叫家长，或者被其他学生家长找上家门，为此洪先生没少给儿子"擦屁股"，小学转了两所学校，中学转了两

所学校。儿子的行为不仅没有得到矫正，反而愈演愈烈，不仅打架，还学会了吸烟、上网、偷钱。

洪先生坦言，他曾不止一次地采取暴力手段试图改变儿子的行为，如用皮带抽打，让儿子在冬夜里只穿着内裤跪在地板上，把儿子用手铐铐在床腿上一天不给饭吃等。洪星13岁那年秋天的一个上午，洪先生发现儿子偷拿他五百元钱，非常生气，就把儿子反锁在储藏室里。结果他出差两天，把惩罚儿子这事忘了，出差回来之后，打开储藏室的门时，儿子狠狠地瞪着他，目光凛冽，直想把他杀死。从那时候起，原本矛盾冲突不断的父子关系更加恶化，儿子视他如仇人，而且更变本加厉地闹事闯祸，以至于上初三时，被老师动员全班的学生签名，要求开除洪星这个"害群之马"。

我问洪先生，为何把儿子用手铐带来？他的神情忽然变得沉重而凄然。他说，他发现儿子经常自残，用烟头烫自己，还用小刀划自己的胳膊。他又说，儿子有强迫行为，经常用嘴咬手指甲，咬得手指头血肉模糊的，看着很让人揪心。他不能让儿子再这样下去，必须求助心理医生，可是儿子根本不配合，因此，他只能采取这样极端的方式把儿子强行带到心理咨询室。

洪先生说完，长长地叹了一口气地说："这个熊孩子太逆天了，最近变得越来越情绪暴躁，而且暴力倾向很严重。前些天，他又说不想去上学了，要去参军，我以年龄不够拒绝他的要求。他破开荒地求我帮他想想办法，还说他今生两个愿望：第一个愿望是参军，练习射击和武术，将来报复那些对他不好的老师，尤其是那个鼓动学生签名让开除他的那个老师，最终不会有啥好结果；第二个出国，将来当雇佣军，去杀人，把那些不顺眼的人统统杀光。听儿子说这些话时，我的血往上涌，头忽的一下就晕了。我恨不得现在就一枪把这个逆子打死，免得他将来真的有一天成为社会的祸害。"

洪先生的话让我的心揪了起来。作为专业的心理咨询师，我能够感

受到洪星内心积压了太多的愤怒情绪，我必须带着这种觉知和共情，走近他，了解他是如何从一个活泼可爱的孩子变成了父亲眼里的"逆子"。

我先是温和而小心地打开洪星的手铐，请他坐下来，轻轻地对他说："孩子，你受苦了！"洪星的身体剧烈抖动了一下，仍然装作很冷漠的样子，不看我。我不温不火地对他说："我知道你受了很多误解和委屈，你爸爸的暴脾气也让你的受了很多皮肉之苦，但是我相信你是个善良的孩子，如果你愿意的话，可以跟我说说你的心里话！"他还是不看我，也不说话，身体一直在不停地抖动，咬着嘴唇，像在极力控制着某种情绪。我用手轻轻抚摸着他被手铐勒红的手腕，说："孩子，说不说都没关系，你什么时候想对我说，我都愿意倾听。我给你留下办公室的电话，你可以随时找到我。"我的话音刚落地，洪星的眼泪就忍不住落了下来，随后我们便进入顺畅的交流阶段。

叛逆少年恨世界对他太冷漠

我给洪星进行了三次咨询之后，才全部了解他成为"逆子"的原委。他小时候聪明可爱，小学三年级之前学习成绩总是名列前茅，但是他的生活在8岁时候发生了逆转，爸爸经常出差不在家，妈妈的情绪越来越糟糕，经常莫明其妙地对他发火。爸妈也经常吵架，甚至打架，有时候吵得很凶。他不知道爸妈之间发生了什么事，只知道那一年，爸妈离婚了。妈妈从此消失了，他哭着找妈妈，声音都哭哑了，但是回应他的只有爸爸的呵斥。

洪星从此被寄养在姑姑家，为了上学方便，不得不转学。他不喜欢这所新学校，也不想和这里的同学说话，上课不能专心听课，他想家，想妈妈，幻想妈妈来把他接走。可是，每当他刚刚沉浸于幻想之中时，老师就会打断他，点名批评，或者干脆让他站在教室外反省，他恨死了那个"鱼

眼睛"老师。他故意不听课、不交作业，故意捣乱让老师生气。老师不断地向家长告状，姑姑管不了他，便又向他爸爸诉苦。爸爸对他轻则训斥，重则打骂，仍然解决不了问题。姑姑抱怨多了，爸爸不得已在他五年级时，把他转到市里唯一的寄宿小学读书。洪星开始很想努力学习，可是原来丢下的功课太多了，一时感觉有些吃力，考试成绩较差，班主任老师便不给他好脸色。他的努力老师看不见，但是任何一个小错误都逃不过老师的火眼金睛，他刚刚积攒的一点学习动力又刹那间消失殆尽。

洪星的初中自然是爸爸托关系上的。学习成绩不好，在老师眼里仍然是个"舅舅不疼、姥姥不爱"的角色，老师甚至视他为空气，他趴在桌子上睡大觉，老师也不管不问。初二上半学期，洪星开始不断与同学发生冲突，动不动因为打架被老师通知家长，让其停课在家反省，以至于和老师的关系越来越僵。后来，爸爸把他转到另一所初中就读，他仍然是好打架，而且下手越来越狠，几次都把同学打伤，被家长逼要医药费。这样的事情频发，因此才会有师生联名写信要求开除洪星的事发生。

洪星初三被学校开除之后，爸爸只得把他转到了城郊结合部的职业高中就读。由于洪先生和校领导是朋友，洪星进入新学校之后得到重视和照顾。洪星的精神状态有了明显变化，学习成绩也大有起色。洪先生重新燃起了希望之火，期盼儿子能够真正洗心革面。但是不久，发生的一件事再次浇灭了他的希望。

在一天下午放学的路上，洪星看到一个女生被三个男生围堵戏弄，女生左冲右突无路可走，看到路上有人，就大声呼救。这激发起了洪星的侠义精神，他把自行车往路边一放，二话不说就冲了上去，在混战过程中，洪星一拳打在小个子男生的左眼上，那男生惨叫一声倒在地上。另外两个男生怕事情闹大，撒腿就跑。洪星倒够讲义气，把那个男生送到附近医院，结果那个男生因眼角膜受伤住院，花费四千多元。老师不仅让洪星支付对方的医疗费，而且还逼迫他当众向对方道歉。洪星坚称自己是见义勇

为，宁死不道歉，于是对方家长就找学校闹事。矛盾交给洪先生处理，他
再次把儿子暴打一顿，逼他道歉。洪星就是一句话：打死也不道歉。不仅
如此，他不也上学了，寻思着要么去参军，要么出去打工。

唯有爱才是医治心灵的良药

面对如此僵持的父子关系和自我被严重压制的孩子，我慎重地制订了
治疗方案。

首先通过分析，让洪先生明白孩子出现这样"逆天"行为的心理机
制，促使他反思自己在教育中的失误。

父母离婚，对一个8岁的孩子来说是个严重的心理创伤，在这个关节点
上，他没有得到妥善的安置和照顾。被母亲抛弃，被父亲呵斥，被姑姑厌
烦，洪星过早地经历了人情冷暖。带着这种心理创伤，他被转到一所陌生
的学校，又加上适应新环境的压力，在这样的双重压力下，不仅没有得到
家长和老师的关爱，还不断被打压、被厌弃。每一次转学，洪星都曾经满
怀希望地重新开始，期盼能够得到老师的关注和欣赏。可惜的是，在他的
生命里，没有一位老师能够给予他渴求的温暖和支持，更没有一位老师以
"静待花开"的耐心允许他在挫折中成长。

洪星被贴上差生的标签，他从老师的眼睛里看到的只有严肃和冷漠，
甚至是轻视和厌恶，尤其是动员学生签名开除洪星的初三老师和最后逼着
他给同学道歉的老师，更是践踏了他最后的尊严，让他最后的希望也破灭
了。他满腔的愤怒转化为强烈的攻击力，而他释放攻击力的方式有两种：
一是把攻击转向自己，用烟头烫手、小刀划胳膊、咬指甲等，把精神的痛
苦转化成肉体的疼痛；二是不断通过打架宣泄情绪，并以此吸引老师和家
长的关注。**只可惜，老师和家长没有人能够真正读懂孩子的内心需求，老**

师只是一味地批评，爸爸只是一味地打骂。

我让洪先生回家把洪星所有照片都找来，我们陪他一起回顾孩子的成长历程。照片只有几十张，绝大部分都是孩子在8岁以前的，8岁之后的照片主要是在春节和洪星生日时照的，在13岁之后，就再找不到一张洪星的照片了。洪先生久久凝视着一张照片陷入了对往事的回忆之中：他把3岁的儿子高高举在头顶，儿子的小手在空中挥舞着，咯咯地笑个不停。前妻笑容可掬地站在一旁，怡然地看着父子俩玩耍。这个定格在13年前的幸福场景，让洪先生一下子泪眼蒙眬起来。多少年没有体会过这样的快乐和亲情的温暖了，他从来不曾体会过一个失去母亲的孩子的心情，他从来不曾给予儿子慈父的温情，他甚至从来都没有认真倾听过儿子的心声，包括愤怒的抗议。**他只想让儿子按照他预设的方向发展，他只企图用暴力解决问题……**

在陪伴洪先生回顾儿子成长的过程中，他真切地领悟到，儿子出现问题的总根源是爱的缺乏，解决问题的唯一方法就是转变父爱的表达方式，给予洪星足够的关注、温暖和支持，用耐心陪伴儿子在挫折中慢慢成长。

经过一个月的咨询和治疗，父子关系比原来有明显改善，洪星已经回学校上学，但是还有咬手指、人际关系不好等诸多问题亟待解决。洪先生表示，绝不会再用简单粗暴的办法对待儿子所犯的错误，他将加强与老师的沟通与联系，耐心引导和教育儿子。

我相信父爱是伟大的，并期待他们父子能够再次找到曾经丢失的快乐和亲情的温暖。

咨询手记：洪星的心理历程让人痛心疾首而又无限惋惜，值得引起所有家长和老师们的深思。他从一个活泼可爱的孩子逐步转变成"渣生"和"逆子"的经历，是家庭和学校教育存在问题的集中体现。

洪星生活在一个极度缺乏安全感的环境中，母亲的突然消失、父亲的打骂苛责、寄人篱下的无奈、亲情的疏离、老师的冷漠、不公正的待遇，

这些都让一个心智尚未健全的孩子受到极大的伤害和挫败。浩瀚宇宙，茫茫人海，他找不到一片可以安放心灵的地方，也找不到一个可以给他情感滋养和精神抚慰的人。他只能把怨恨、愤怒转化成对自己和对他人的攻击，以自伤或伤人的方式，寻找自己的存在感和价值感。

大量的心理咨询实践表明，每个问题孩子的背后，都有家庭或学校方面的原因。家长们应该明白：家长的首要任务是营造一个和谐的家庭环境，家长和老师有责任共同为孩子营造一个安全岛。如果每个孩子都能够得到母爱的温暖和滋养，父亲的关心和鼓励，老师的关注和欣赏；如果家长和老师都能够以"静待花开"的耐心，允许孩子们在挫折中成长，给予每个孩子人格上的尊重、精神上的支持和目标上的引导，那么"渣生"和"逆子"就不会出现。

但愿家长和老师们能够尽量给每个孩子提供一个心灵的安全岛，但愿洪星的悲剧不再重演！

分离是亲子关系永恒的主题

　　在父母的心中，他们难以安排爱与自由的比例：爱多了，就忘了给孩子自由；给的自由多了，爱就会不知所踪，于是孩子不是缺少爱就是缺少自由。爱与自由犹如孩子成长中的食物和空气，没有食物，孩子会饿死；但没有空气，孩子会窒息。最好的亲子之爱是，一半是爱，一半是自由。这样，孩子才能更好地与原生家庭逐渐"分离"。

1 再亲密的关系也需要保持距离

导语：冯女士自认为是个好妈妈，她给予儿子无微不至的爱，曾经建立了亲密无间的亲子关系。但是泛滥的母爱却让青春期的儿子感到窒息，妈妈竟然在他的梦里化身成一条吞噬他的"大青蛇"，让他惊恐万分。这个案例启示我们：再亲密的关系也需要保持适当的界限和距离，过度的爱只会离初衷越来越远。

青春期儿子忽然变成"小哑巴"

一个周六上午9点，我刚到咨询室就看到冯女士已经在门口等待了。我从电话里就能感觉到她深深的焦虑，而她的神态更是把焦虑、无助的情绪表露无疑。

冯女士倾诉的节奏很急促，她有点自恋地认为，自己是一个好妈妈。儿子祝飞今年12岁，从小听话懂事，学习成绩优秀。虽然儿子3岁时她就和丈夫离了婚，但是她却培养了儿子阳光快乐的性格，从幼儿园到小学，每个老师都对祝飞赞不绝口。讲到这里，冯女士有点得意地说："我和儿子的关系一直都很好，我特别会聆听儿子的心声，对他非常了解。每次他生气时，我总能很快猜到他生气的原因。" 我顺着冯女士的得意劲儿说："这不是挺好吗？像你这样了解孩子的母亲的确不多呢！"

冯女士的神色却突然黯淡下来，随即讲起了最近着急上火的原因。

她说："小时候，儿子特别依恋我，走到哪都跟着我，像我的'小尾巴'。我对教育儿子的确下了很大工夫，看了许多关于亲子教育的书，尤其对儿子的心理健康极其重视，只要他有一点情绪变化，我就能够感觉得

到。我总能猜中儿子的心思，开始时儿子感觉我挺理解他的，就把心里话跟我说，于是我们母子就交流得非常开心。

"后来，我发现每当我猜中儿子的心事时，他便有点不高兴，我说了大半天他也不回应一句，充其量是点点头。最近，儿子整天闷闷不乐，吃饭也很少，睡觉也不安稳。我以为孩子是在学校受了委屈，就和老师沟通。老师说只是发现他上课总走神，好像有什么心事，提醒过他两次。

"我想是不是孩子想爸爸了？我和前夫离婚后，为了儿子我一直没有再婚。我和前夫约定，每周他都要抽出半天时间陪伴儿子。但是上周前夫出差没来接儿子出去玩，我猜想是不是儿子因为这事才不高兴的，可是我问儿子时，他一个劲地摇头，就是不说话，还把脸扭到一边，用身体语言告诉我，不想跟我说话。唉，这次我猜一百次也猜不透儿子到底是怎么了？我问他什么，他都不说，像突然变成了'小哑巴'，你说我能不着急吗？"

冯女士的声音有点发颤，泪水溢出了眼眶。看得出，她是个要强的女人，不轻易表现出自己的软弱，但是儿子的状态实在让她太揪心、焦虑，也太让她这个自认为优秀的妈妈感到挫败了。我不去打扰她，让她静静地流泪。她只有把这种情绪宣泄出来，才能有力量面对要解决的问题。

几分钟过后，看到冯女士的情绪平静下来，我开始触碰她内心的伤痛，试探地问她："能否告诉我，你和前夫离婚的原因吗？"冯女士的脸上忽然有了愤怒和幽怨的神情，她犹豫了好一会儿才说："他天天晚上不回家，吵得过不下去，就离了。"我慢慢地引导着冯女士走进自己的内心，我们的谈话也逐渐由艰涩变得顺畅起来。冯女士说，她第一次向别人敞开心扉说起离婚这件事。九年来，这一直是她内心的伤痛，碰都不想碰。

冯女士曾经和老公非常相爱，恨不得一天二十四小时都在一起。结婚后，她仍然对老公非常依恋。她要求老公每天晚上9点前必须回家，如果老公没有按约定时间回家，她就会不断给他打电话。彼时，老公很爱她，对她几乎言听计从，由此还被朋友们调侃为"最乖老公"。但是，不到一年

时间，老公就开始晚归，这成了冯女士和老公产生矛盾的导火索，争吵渐渐地成了家常便饭。

后来，老公经常和朋友喝酒到深更半夜，才醉醺醺地回家。冯女士感到恐慌和窒息，常常觉得自己濒临崩溃，于是就会变本加厉地跟老公闹。这时男人已经没有了恋爱时对她的那份柔情和耐心，自然会冷漠以对，逼极了也会恶语相向甚至拳脚相加。冯女士受不了这份屈辱，就说气话提出离婚，老公同意了，家就这样散了。仍然是许多婚姻悲剧的老套路，但是我由此明白了问题的根源。

如今祝飞出现的问题，也是冯女士造成的。为了验证我的判断，我建议冯女士下次带儿子来做个沙盘。

黏人的爱让儿子遭遇被"吞没"之痛

祝飞果然长得眉清目秀，是个讨人喜欢的孩子，但是他的眼神暗淡无光，似乎还隐藏着一丝恐惧与不安。我让冯女士暂时回避，我和这个小家伙开始交流。

我主动向他伸出手说："祝飞你好，第一次见面，握个手吧！"祝飞自然而然地伸出手，很有礼貌地说："老师好！"这孩子果然是机灵懂事。

"听你妈妈说，你学习非常好，画画也很有创意，是这样吗？"祝飞腼腆地点点头。我继续引导他说："今天我带你玩一个能够展现你创意的游戏，好不好？"一听说玩游戏，祝飞的眼睛顿时就亮了起来，瞪大眼睛问我："什么游戏？怎么玩啊？"我指着沙盘架说："看，这么多玩具，你可以任意挑选，摆在沙盘里，最后呈现出来的就是你的作品，可比画画有意思多了！"

祝飞果然对摆沙盘非常感兴趣，没等我把规则讲完，他就急不可待

地开始挑选沙具了。23分钟后，祝飞的沙盘呈现在我的面前：一片沙滩上，有花草、猎手、城堡、躺着的小人，还有三辆小汽车和一条大青蛇，其中大青蛇和三辆汽车最引起我的关注。我故作吃惊地说："好新奇的想象啊，这么多汽车，你这是要开汽车城吗？"祝飞笑笑说："有了汽车我随时可以去想去的地方，小轿车、越野车、跑车，想开哪辆开哪辆，那种感觉，想想就很爽呢！"这只是个铺垫，我关注的重点是大青蛇。我故作轻松地说："你不怕蛇吗？胆量可真大！我很少见小朋友们敢用这么大的蛇，这条大青蛇看起来像是要吃人的样子啊！"祝飞忽然间身体有点发抖，眼睛里的恐惧更明显了。他吞吞吐吐地说："怕、怕，我最怕蛇了，可是我也不知道怎么敢拿这条蛇上来。"

　　我对祝飞进行了短时催眠，拉住他的两只手，温和地问他："老师知道你现在很恐惧，别怕，我可以帮你赶走恐惧。告诉我，你的恐惧是和蛇有关吗？"祝飞点点头说："我这几天总是做噩梦，梦见妈妈变成了大青蛇，一个劲地追我，我吓得跑啊跑，可就是甩不掉，我随时就有被它吃掉的危险，总是在快要被它追上时醒来！"我终于明白，祝飞为什么以沉默对抗妈妈了，原来，这段时间他一直在怕被妈妈"吞噬"的恐惧中煎熬着！

　　对蛇的恐惧是人的集体潜意识，蛇的攻击方式是先放毒再吞噬。如果是没有毒的蛇，则是直接吞噬。所以，当感觉被某个人"吞噬"时，就容易做蛇的梦。祝飞感觉自己的一切都被妈妈掌握着，包括他的内心情感和情绪都被妈妈洞悉，他因此产生一种被"吞噬感"。小时候，他没有反抗的意识，而随着青春期的来临和自我意识的觉醒，这种反抗妈妈掌控的意识越来越强烈，因此潜意识就用这个梦去提醒他。而沙盘正是呈现潜意识的最好形式，这条大青蛇的出现就不难理解了。同时，三辆汽车也印证了祝飞急欲摆脱妈妈的精神控制，要自由地掌控自己生活的强烈心理。

　　祝飞是正常的心理反应，妈妈才是问题的根源，所以需要调整的是妈妈。但是为了消除祝飞内心的恐惧，我又给他进行了半小时的心理疏导。

毕竟是孩子，只要解开了心里的结，很快就又恢复了快乐的天性，当天就挽着妈妈的手回家了。

独立的妈妈才能够让孩子自由成长

第三次咨询，我让冯女士一个人来。她很好奇地问我用什么方法可以让几天不开口说话的"小哑巴"笑逐颜开。

我郑重对她说："你现在可以静下心来想想丈夫离开你的真正的原因了。确切地说，他是逃离了你，而现在你的儿子也是为了摆脱你的控制，因为他还小，离不开你，只好用沉默的方法抗拒你。"

咨询室里安静至极，只听到钟表嘀嗒嘀嗒的声音。等她自省得差不多了，我们开始梳理她的原生家庭和分析她的心理。

冯女士外表看似好强干练，实际上却极度缺乏安全感和自我存在感。她对亲密关系非常渴求，很黏人。恋爱时，每当恋人暂时离开她，她都感觉到自己快要瓦解了，就像一幢很不牢靠的房子那样分崩离析。也就是说，她的存在感建立在别人身上，别人稍微疏远她，就会给她造成很大的痛苦。因此，她要时时将对方紧紧抓住，那样才有活着的感觉。老公当然受不了她这样的控制和纠缠，于是就以晚归的方式逃避她。这时，她除了生不如死的感觉之外，还有巨大的愤怒。这种愤怒让她对老公大发脾气，而老公认为她是没事找事地在"作"，矛盾不断升级，最终老公在硝烟中逃离婚姻。

冯女士并不明白离婚的真正原因，她只是迅速把控制对象转移到儿子身上。紧紧抓住一个成年人是比较困难的，但紧紧抓住一个孩子，要容易很多。小时候，除了儿子上学的时间，她几乎时刻与儿子在一起，任何时候都想知道儿子在想什么。她将"了解儿子"绝对化，根源是渴望与儿子

建立亲密感，同时这也意味着，她对于距离感极度恐慌。儿子小时候没有能力反抗妈妈的控制，但是随着年龄的增长，妈妈这种像蛇一样紧紧缠绕的关爱，越来越让她窒息。于是，就有了开头的一幕。如果冯女士不调整自己的心态和对待儿子的方式，儿子终有一天也会像爸爸一样离她而去。

我告诉冯女士，再亲密的关系也需要保持一定距离，尤其是亲子关系。经营所有的关系都是为了更好地在一起，唯有亲子关系是为了让孩子更好地与原生家庭分离。过度地控制孩子只能减弱他独立思考和独立生活的能力，只能给亲子关系造成伤害；家长的过度控制还会让孩子失去独立判断能力，形成外部评价体系，让孩子活得没有自我。因此，亲子关系并非越亲密无间越好，家长也没必要了解孩子的一切，而是要与孩子保持适度的空间距离和心理距离，给孩子提供一个安全、独立和自由的空间，这样才能促进孩子的心灵成长和人格完善。否则，太过于亲密的爱会让孩子感受到被"吞噬"的危险，势必会导致孩子的回避或逃离。

我建议冯女士：

一、不要把精力全部放在孩子身上。从改变自己做起，工作之余发展自己的爱好兴趣，按排好业余生活，先让自己充实快乐起来。

二、考虑再婚。夫妻关系是家庭最重要的关系，和谐的夫妻关系是幸福的重要源泉，女人应以经营好婚姻关系为主业。要吸取婚姻失败的教训，不要对老公管得太紧。不要把关注点放到别人身上，不要认为别人应该为自己的情绪负责，自己才是一切的根源。要经营好婚姻首先要让自己成长起来，把自己修炼成为拿得起、放得下的智慧女人。

三、改变对待儿子的方式。不要总是打探儿子的想法，即便发现儿子有情绪，也不能非要追根问底。只需要让儿子明白：妈妈关注到你的情绪了，妈妈随时可以倾听你的烦恼，但是你不想说，妈妈也不追问。妈妈尊重你的选择，并相信你有处理好自己问题的能力。既要让儿子感受到母爱的温暖，又要和儿子保持适度的距离，帮儿子建立起边界意识。

经过六次系统咨询和三个多月的后期成长，冯女士的精神面貌发生了很大变化。一个周末，她打电话报告两个喜讯：儿子顺利考上市里的重点中学；她找了男朋友，希望重新走进婚姻，建立一个巩固的家庭。我祝愿她的儿子能够健康成长、学有所成，也祝愿她的第二次婚姻幸福和谐、长长久久。

咨询手记：做完这个咨询之后，我有一个深刻的感受：冯女士对待伴侣和儿子的方式具有较高的一致性，伴侣和儿子对她的反应形式也非常一致。冯女士对亲密关系非常渴求，但是采取的方式是黏人、控制。而人最受不了的就是失去自主感和自由度，因此就会想办法对抗。不幸的是，冯女士的丈夫采取的是回避和逃避方式，而不是进行有效的沟通，更没有互相陪伴成长，因此婚姻以失败告终。更不幸的是，冯女士在婚姻失败之后没有冷静下来进行自我反省，而是很快把精力转移到儿子身上，把所有的希望和寄托都放在儿子身上，试图建立亲密无间的亲子关系，以至于这种像蛇一样紧紧缠绕的母爱，让儿子越来越窒息。儿子不能逃走，因此就采取拒绝交流的方式反抗母亲，这仍然是一种回避的应对模式。

在这个咨询过程中，我把心理干预的侧重点放在亲子关系的分离上。孩子到了青春期都渴望有自由成长的空间，如果这时候家长还紧紧抓住孩子不放，事无巨细地为孩子考虑，凡事代替孩子选择，其结果就会造成青春期孩子与父母冲突不断，给孩子留下严重的心理阴影，影响孩子的人格形成和心理发展。

所幸的是，冯女士能够及时觉察到儿子的变化，并通过心理咨询探索了原因，坚定地走上自我成长的道路，重新找到了幸福婚姻。同时也让儿子获得了自由成长的空间，避免了与青春期儿子的冲突。因此，一个成功的心理咨询，受益者不仅仅是案主一个人，而是一家人，甚至更多人。

② 溺爱使她成为被儿子"驱使的仆人"

导语：海灵格说过，健康的家庭宛如平地，孩子会成为挺拔的大树，而有问题的家庭宛如悬崖，孩子会成长为奇形怪状的树。如果一个家庭中，妈妈太强势，太溺爱和控制孩子，最终的结果往往是毁了家庭、害了孩子！这个案例让我们清楚地看到一位母亲从商场女强人成为被儿子"驱使的仆人"的心路历程。

过度补偿孩子引发家庭战争

余娟和老公闻强是高中同学，高二时开始恋爱，高三辍学私奔，在南方打工四年之后，回到家乡举办了婚礼。婚后，余娟在市里租门面开了一家女装店。

结婚的第二年，儿子涛涛出生了。那时余娟的服装店正处于创业的关键时候，她忙得分身乏术，根本没精力照顾孩子。

余娟是个非常要强的人，孩子刚刚满月就去店里工作，让婆婆帮她照料孩子。孩子八个月之后，婆婆执意把孩子带回老家抚养。为了能够全身心经营服装生意，她只好同意了婆婆的安排。经过三年时间的苦心经营，余娟的服装店生意红火，她很快又在商场租了专柜。闻强喜欢开车，在他的再三恳求下，她抽出资金给老公买了一辆出租车。

余娟和老公各有事业，儿子涛涛被婆婆照料得很好，生活过得也算平静。可是涛涛3岁到市里上幼儿园之后，余娟和老公就开始不断发生口角。原因是她给儿子买衣服、玩具都挑最好的，对儿子有求必应，涛涛就像小皇帝，在家里说一不二。她觉得儿子那么小就把他送到了农村，现在回来了应该好好补偿他，不想再让儿子受一点委屈。而闻强则说，涛涛被他妈

照顾得挺好的，没让儿子受委屈，应该让他保持在农村的质朴本色，不能从小养成大手大脚花钱和任性的坏习惯。

他们意见相左，就会发生争执，而且在行动上也开始较劲。儿子过生日时，闻强给儿子买了一辆小汽车，余娟买的则是遥控飞机。涛涛开始非常喜欢玩爸爸送的小汽车，当她按动遥控器让飞机飞翔时，涛涛立即丢了小汽车，跑过来玩飞机。结果闻强灰头土脸地走了，两天都不和余娟说话。

随着余娟生意规模的不断壮大，她的自信心爆棚，在店里说一不二，在家里也容不得闻强的建议。而且，闻强每天开出租车，累死累活也挣不了几个钱，让他投资其他生意，每次都是赔钱，余娟对他越来越失望。老公不仅在事业上帮不了她，在教育孩子方面还与她事事相左，这让她非常生气，每天都懒得跟老公说话。

余娟把希望寄托在涛涛身上，发誓要把儿子培养成才。于是在涛涛5岁时，她就给儿子报了跆拳道班、美术班和英语班。她风雨无阻地接送儿子，无微不至地照顾儿子的生活，走哪儿带哪儿，利用一切时间教他看图识字、记英语单词，涛涛成了余娟的"小尾巴"。

儿子成了夫妻争吵的"调解员"

因为把孩子作为生活的重心，余娟对闻强越来越忽视、冷淡。他们彼此忙着各自的事，甚至三五天见不着一面，即使见面也感觉无话可说，她说的他不感兴趣，他说的她不认同，生活平淡乏味。但是有了儿子，余娟感觉就拥有了一切。

儿子12岁那年，余娟发现闻强经常夜不归宿。她问老公原因，他说："拉长途了，当天赶不回来。"余娟知道他以前从来不接长途的。女人的敏感让她警惕起来，她开始留心老公的行踪。结果，她悲哀地发现，老公

出轨了，那个女孩比他小5岁，是加油站超市的营业员。

余娟和闻强的冲突骤然升级。她骂闻强没良心，想当初为了他，她断送了学业、疏远了亲情，十多年辛苦打拼挣钱，都是为了这个家。而他不仅不往家里拿一分钱，反而在外面养女人。每当这时，闻强要么冷漠地说："想过就过，不想过就离婚。"要么就一句话不说，摔门走人。涛涛每次都坚决地站在余娟的一边，指责爸爸的背信弃义，甚至对爸爸撂下狠话："你敢跟我妈离婚，我一辈子都不认你这个爸爸。"他还给奶奶打电话，帮妈妈抱屈。

儿子是余娟的依靠，给了她生活下去的希望和勇气。每当她和闻强陷入冷战，心里烦闷时，涛涛是她最好的倾诉对象，她的艰辛、委屈儿子都接纳，而且儿子总像个小男子汉似的劝慰她说："妈，别伤心，有我呢，别和我爸计较太多。"

有一段时间，闻强采取各种办法拉拢涛涛，想和儿子建立统一战线。如平时花钱非常节俭的他居然花两千多元给儿子买了一套名牌运动衣；平时根本不喜欢足球的他，居然托关系给儿子买了省体育馆足球赛的门票，并且开车陪儿子去看。

当他们发生冲突、双方各执一词时，闻强就会找儿子评理。这时儿子会像个"调解员"似的这边说、那边劝，居然也让战火熄灭了。涛涛感觉自己像家庭的"保护神"，有时他看妈妈孤独伤心，还会主动找理由让爸爸回来，调和他们的关系。闻强和余娟都是爱孩子的，为了不让涛涛失望，他们会暂时表面上和好一段时间。

然而，孩子的约束作用毕竟是有限的，闻强的心早已不在这个家了，而余娟对他的怨恨也难以消解。在涛涛上初二那年，她和闻强办了离婚手续。闻强开着他的出租车净身出户，四室两厅的房子只剩下余娟和涛涛了。

婚姻失败了，儿子成了余娟全部的希望和寄托。为了涛涛她可以不惜一切代价，吃穿用具都是最好的，给儿子请一对一的家教。在初三那年，因为她忙于生意，怕儿子营养跟不上，她还专门请了保姆给儿子做饭。让

她欣慰的是，涛涛的成绩非常好，一直稳居全班前五名。有这样懂事、上进的儿子，余娟觉得所有的付出都是值得的。

儿子学会利用母爱控制妈妈

涛涛考上了市重点高中之后，学校要求进行为期一周的封闭式军训。余娟兴冲冲地把儿子的被褥和洗漱用品送到学校，帮他找到寝室床位、铺好床铺才走。这是儿子从上幼儿园以来第一次离开家住，虽然有点不舍，毕竟是儿子独立生活的开始，她希望儿子尽快适应新环境。

第三天上午，儿子打来电话说，他不想住寝室了，想回家住，让妈妈跟班主任老师沟通一下。余娟劝他别搞特殊，军训之后再回家住。儿子立即情绪激烈地说："你要不去跟老师说，我就不上学了。"还没等她反应过来，儿子就挂了电话。

余娟知道儿子冲动起来会不计后果，只好找班主任沟通。班主任说这是学校的硬性规定，他也做不了主，要跟年级主任说。她又找到年级主任，好说歹说，才同意涛涛请病假回家住。

涛涛回来之后，给妈妈一个拥抱说："老妈，我就知道你舍不得让儿子受罪。我终于可以不用自己洗袜子、不用闻同学的脚臭味了，还是家里好啊！"余娟虽然有一丝隐忧，但是难得儿子如此高兴，便不再多说。儿子在家过着衣来伸手、饭来张口的生活，他只需要管好自己的学习就行了。余娟自我安慰说，现在尽量为儿子提供方便吧，等他考上大学之后，自然就好了。

半年之后，又一件事引发余娟对儿子的担忧。她离婚两年多了，不断有朋友劝她再婚，其中商场里一位卖男装的姚先生对她早有爱意。她怕影响涛涛一直没敢和他过多接触。过完春节，姚先生把话挑明了，并表示将来会对涛涛视如己出。

回家之后，余娟把这件事跟儿子说了，问他是否同意。没想到儿子坚决反对，还愤愤地说："如果你再嫁人，我就离家出走！"简直太出乎意料了，她以为儿子会非常体谅她并欣然同意的。看着儿子生气的样子，她只好对他保证以后不跟姚先生来往。

虽然这样说，但是有些应酬是没法推脱的。一天晚上，商场服装部经理招集服装店老板聚会，余娟和姚先生都去了，并且都喝了点酒，姚先生的司机送他们各自回家。到家时已经快11点了，刚走到小区门口，就看到儿子在等她。当时她挺感动的，以为儿子来接她呢。没想到儿子看到她从姚先生的车上下来，还带着一身的酒气，扭头就走了。

回到家，儿子给爸爸打电话，说妈妈在外面找野男人了。如此难听的话从儿子嘴里说出来，让余娟气得浑身哆嗦，第一次失手打了儿子一记耳光。没想到，儿子忽地站起来，把余娟推倒在地上，拿起书包就跑出去了。她愣了片刻，酒醒了许多，急忙起身去追，可是儿子早已消失在夜色里不见了踪影。那夜，她找遍附近的网吧，打遍了他同学亲友的电话，都没有找到儿子。直到第二天上午，她得知儿子在教室上课，才放下心来。

从这件事之后，儿子对余娟回家晚非常敏感，总是问她是不是又去约会了，他还劝她和爸爸复婚。余娟跟儿子解释说："你爸已经结婚了，不可能再和我复婚的。"儿子说："爸爸还可以离婚再娶你的，如果爸爸不回来，还有我陪你，反正你不能找其他的男人。"余娟真是有口难言。为了不影响儿子的学业，她只好忍耐寂寞。

余娟心里一直不解儿子怎么会这样对待她。直到通过心理咨询她才明白，这是她不恰当的教育方式造成的。

在一家三口人的关系中，由于余娟过分地关注儿子，造成母子关系过分亲密、夫妻关系疏远。当她和老公产生冲突时，她与儿子建立联盟来对付老公，让儿子学会了控制别人。余娟和闻强离婚后，她从夫妻两人世界中退出，更加专注于母子关系。儿子感觉到，是他和妈妈联手挤走爸爸

的，所以心怀愧疚，心里始终留着爸爸的位置，不允许别人取代，因此他会想方设法干扰妈妈再婚。而且儿子从与爸爸妈妈的争斗中看到了自己的价值，慢慢地学会运用自己的力量有效地控制妈妈，争取到自己最大的利益，尽最大可能地享受妈妈的照顾。而余娟只能和儿子"绑定"在一起，成为被儿子"驱使的仆人"。

余娟后悔万分，过度补偿儿子，不仅让她失去了爱情和家庭，也毁了她和儿子的生活。她说，如果可以重来，她愿意做一个让儿子独立自强的妈妈。

值得庆幸的是，余娟及时求助，通过做心理咨询，开始与儿子保持界限，慢慢让儿子从原生家庭分离出去。这虽然是一个痛苦艰难的过程，但是她毕竟开始上路了。

咨询手记：这个案例我做得很辛苦，因为余娟的强势总让我感觉到一种压迫感。她从来都是自顾自地倾诉和宣泄情绪，不管不顾别人的反应。同样，她给予儿子的爱，也是一种自以为是、密不透风的爱，这源于她的自我和自私。这种爱的背后，其实有一种恐慌和焦虑的转嫁：在失去婚姻之后，害怕再失去儿子。婚姻失败的余娟对自己的未来充满焦虑，然而她不是通过自我成长去解决问题，而是将希望更多地寄托在孩子身上，同时也把焦虑转嫁给了孩子。

余娟为孩子付出那么多，得到的却是孩子的反感、反叛和反控制。这是因为她不自觉地把自己当成"债主"，甚至逼儿子去"还债"。其实，孩子特别在乎家长的情绪，对父母的心理变化非常敏感。他们很容易围绕着父母的情绪转，而父母也会有意无意地利用自己的情绪去控制孩子。当这种方式被孩子模仿之后，他也学会了利用父母之爱去控制父母。同时，余娟的爱，禁锢了儿子的成长动力，每当遇到困难时他就会退缩回来，像蜗牛一样躲在妈妈为他制造的壳里。因此，余娟只能被儿子"绑定"，成为被儿子"驱使的仆人"。

一年之后，我对余娟进行了跟踪回访。她已经能够与儿子保持较为清晰的界限，不再对儿子的事情包办代替。最主要的是，她学会了内观自省和体谅别人，与她的交流也感觉轻松愉快了许多。

3 "现代孟母"倾心爱儿反害儿

导语：古代孟母三迁的故事正成为许多现代家长的经典榜样，为了能让孩子有所好学校、有个好环境，很多家长不断择地而居。"现代孟母"吴绪把所有心血和爱都倾注在儿子身上，不惜花高价钱租房为儿子陪读，没想到儿子却因无力承受过重的母爱而精神分裂。这个案件启示我们：给孩子营造一个爱和自由适度、安全稳定的成长环境是何等重要！

儿子患了精神分裂症

在一次我主讲的《智慧家长的道与术》家长课堂上，一位叫吴绪的学员不住地流眼泪。她在分享时说，当她听到"不会爱是对孩子的虐待"时，心灵深受震撼。课后，她又找到我，把近期内心的痛苦困扰向我倾诉。

吴绪的儿子今年15岁，上高一，身高1.75米，长得很帅。儿子是吴绪的全部希望，但是最近却成了她最大的心病。儿子的情绪越来越不稳定，有时候在家里放着音乐，疯狂地打沙袋；有时候对着课本发呆，不说话也不吃饭；有时候忽然就情绪失控，摔东西、骂人。他感觉有人在说他的坏话，他被别人监视。老师觉察出他有点不正常，便打电话让吴绪带儿子去医院诊治，精神科医生诊断是精神分裂症。吴绪不相信这个诊断，又带儿子去了省城的精神病医院，诊断结果仍是精神分裂症。

如同晴天霹雳，吴绪感觉自己像被抽空了似的，腿发软、眼发黑。她为儿子把心都操碎了，把所有的爱都给了儿子，为何儿子会精神分裂？吴绪几乎夜夜失眠。

吴绪是一位单亲母亲，儿子9岁时她就离婚了，而且一直没有再婚。虽然有许多朋友给她介绍对象，但是她的心思全在儿子身上。她离婚也是因为前夫感觉她太重视儿子而忽略他的感觉。既然走到了这一步，她不能让自己的心血半途而废。

吴绪和前夫原来都是农村人，上同一所技工学校，吴绪学的是理发美容，前夫学的是汽车修理。毕业后，他们分别找到适合的工作岗位成了打工族。他们没有钱在城里买房子，公婆在老家盖了两层小楼，公婆住楼下，楼上就算他们的婚房了。他们只在逢年过节时回家，有了儿子之后，吴绪只能辞职回家带孩子。在农村，没有人聊天，没有地方逛街，她快憋疯了。吴绪把1岁刚断奶的儿子交给婆婆抚养，又应聘到一家大型发廊工作。发廊生意红火，看到老板每天盘账时收入不菲，她便心生羡慕，希望有一天也能开个理发店，自己当老板。她勤奋好学，苦练技术，还不断到外地进修学习，逐渐成为受顾客欢迎的理发师。

儿子2岁时，吴绪和丈夫用攒了几年的钱租了两间店铺，开起了理发店。通过苦心经营，生意日渐兴隆。儿子3岁该上幼儿园了，吴绪和丈夫便把儿子接到城里来，并且在幼儿园附近租了一套两室一厅的房子，让婆婆或妈妈轮流来照顾儿子。

吴绪拼命挣钱，丈夫也成了资深的修车师傅，收入不断增多。儿子5岁时，他们在市重点小学附近买了一套八十多平米的二手房，她希望儿子能够快乐地度过六年的小学时光。但是天不遂人愿，在儿子上小学的几年里，因为房屋拆迁、生意变动和婚姻破裂，她先后搬了四次家。离婚后，吴绪一个人既要忙生意又要带孩子，只好把儿子转到私立的寄宿学校。没想到儿子经常被男同学欺负，宿舍同学用脚踢他，拿臭袜子砸他，把裤头套到他头上。有一次儿子还被一群男生围着要钱，不给钱就要挨打。儿子哭着闹着不想住校，吴绪只好又把他接回家住。儿子初中三年，她都在学校附近租房陪读。儿子要高中了，她又在附近花高额费用租房陪读，没想

到儿子的学习状态却越来越差了。

　　我一直在耐心地听吴绪倾诉，当她把这么多年的苦水倾泻而出时，感觉心里轻松了许多，她期待我帮助她解除困惑。

难道都是搬家惹的祸

　　在接下来的咨询中，我又询问了一些她的原生家庭及与前夫相处的矛盾等情况后，重点了解她们每次搬家之后儿子的不同表现。

　　吴绪说，从儿子上幼儿园到现在，她们在十二年里搬了七次家，每次搬家儿子都非常不高兴。尤其是上小学时候的几次搬家，儿子都哭闹着不愿意离开小伙伴。她印象最深的是儿子三年级那年，她家房子被拆迁，要搬到一个高档的生活小区里。当时，她和前夫都非常高兴，每天忙碌着布置新家，而且专门把儿子的房间进行了精美装修，想给他一个惊喜。没想到，儿子哭得非常厉害，死活不愿离开最好的小伙伴浩浩。儿子躺在地上撒泼，还被爸爸打了一顿。后来的几次搬家，儿子的反应似乎越来越迟钝。明确的变化是，原来儿子非常爱整洁，经常把自己的房间收拾得井井有条，但是几次搬家之后，他似乎不爱收拾房间了，书、衣服到处乱扔。有一次，吴绪实在看不下去，让儿子收拾房间。儿子却气呼呼地说："乱就乱吧，反正也没人来我屋，反正不知道啥时候就又搬家了，我才懒得花费时间整呢！"

　　初中时，儿子变得越来越内向，很少与人交流。那时，他们租住陪读的房子是一套五十多平米的套房，采光不好，潮湿昏暗，儿子经常说他很压抑。可偏偏又遇到一个非常严格的班主任，儿子因为作业没做完就被叫出去罚站，因为上课说话，又被罚在校园里打扫卫生。儿子忽然感觉这个世界好恐怖，整天说要转校。但是那时吴绪的理发店生意正好，如果转校就离店很远，不利于给儿子陪读，她便再三劝说儿子在那个班坚持下来。儿子也算是听话，尽管承受了很大压力，还是考上了重点高中，这让她感觉所有的付出都是值得的。没想到，刚上高中不到一学期就被诊断出精神分裂症，这让吴绪彻底崩溃了。

我对吴绪说："你能关注到孩子的变化是很好的。同时，搬家对于孩子的伤害是客观存在的。孩子年幼时，心理还不够稳定和成熟，容易受到伤害。搬家对儿童来说，意味着与原本的朋友失去联系，被迫离开他熟悉的环境。像被移植的花，稍有不慎就有枯萎的危险。父母由于一系列原因，决定搬家时通常没有在意过孩子是否愿意，所以孩子可能会感到自己的意愿被忽略了，自己是被迫离开，并非自愿，哪怕是搬到更好的地方、更漂亮的房子，但这未必是孩子最向往的。失去了最为亲切和熟悉的朋友和环境，失去了自己可以掌控的很多东西，要到一个陌生的充满未知的地方去，遇到烦恼也无处倾诉，这些因素都会促使他们伤心哭泣甚至做出更过激的举动，而这些过激的行为也可能只是发泄不安和为了让自己得到重视。"

频繁搬家给孩子带来的伤害究竟有多大呢？我拿出了有力的证据：刊登在美国《普通精神病学文献》一项研究表明，搬家过于频繁容易使儿童心理受到创伤，使得儿童感到悲伤，容易造成孩子自闭、抑郁，严重者甚至会出现自杀行为，那些搬家超过三次的儿童比同龄人更容易出现自杀的冲动。自杀行为在某种程度上可能是为了吸引父母更多的注意力。

吴绪原以为搬家是为儿子好，没想到却害了儿子。尤其是几次为儿子择校搬家，吴绪都不惜供给高额房租，她很为自己的付出所感动，甚至还以现代"孟母"自居。

吴绪回忆说，在经历了频繁搬家之后，她感觉也很不好。常常觉得自己像无根的小草或一片浮萍，没有一张完整的人际关系网，归属感很弱，更感受不到"家"的温暖。她不觉得自己就属于哪个地方，她总是期盼着

不确定的未来。她对人情似乎有点冷血，根本不想再处理即将离开地方的人情世故，导致她和曾经的两个生意搭档至今都没有机会化解怨恨。现在，她生活的主题就是挣钱和供儿子上学，她越来越淡化对家的感觉。想来，她现在这么清冷也和频繁搬家有关系吧！

给孩子营造自由有爱的成长环境

常言道："无论天涯与海角，大抵心安才是家。"可是，频繁搬家，心如浮尘，吴绪何曾心安过呢？如今儿子精神出了问题，学业无望，她的生活全乱套了。这难道都是搬家惹的祸吗？吴绪仍然充满疑惑。

我向吴绪解释说，频繁搬家是直接原因，却不是最根本的原因，深层次的原因还要从教育理念和思维模式上分析。

我结合吴绪的行为和儿子的心理继续向她解释说："搬家有很多因素造成，有时候是不得已而为之，有时候却是你主动要搬家，因为你要当现代'孟母'。你的出发点是为儿子好，可是你却忽略了儿子的感受，对孩子的情绪反应也没有引起足够的重视。你并没有向孩子阐明搬家的理由，也没有帮助孩子熟悉和适应新环境。特别是你儿子上初中时，遇到了严厉的班主任，在学校受到了老师的批评与打击，孩子很委屈、很无助，很想得到你的支持和帮助。但是你所谓的陪读，无非是给孩子物质和生活上的照顾，却很少倾听孩子的心声，也没有及时发现孩子的兴趣点，并鼓励他融入新环境。因此，你与孩子的交流越来越少，孩子内心的委屈、痛苦你都一无所知，于是孩子变得越来越内向和压抑。同时，因为你对孩子期待太高，爱得太多、黏得太紧，让孩子感到窒息，内心也很冲突。他一方面想做你期待的'好孩子'，另一方面，他又不能按照自己的意愿生活，没有自由成长的空间。随着人际关系的矛盾升级、学习压力的加剧，他越来

越难以承受。直到有一天，他终于以这种方式警示你：你爱他的方式出现了问题，你给予他的，并不是他想要的！。"

接下来，我帮吴绪理出了调整方案。

第一，要接纳现实，尽量减少自身的焦虑，调整好心态帮助儿子走出困境。

第二，要降低对儿子的期待，让儿子暂时休学，不要再逼儿子上学，要把儿子的身心健康放在首位，带他进行专业治疗。病情稳定之后，配合心理咨询进行调整。

第三，要让前夫与儿子建立联系，不要总是像母鸡似的把儿子护在翅膀下，男孩更需要父亲的陪伴，妈妈要适度与儿子保持界限和距离。

第四，积极调动儿子的社会支持系统，如找到他儿时的伙伴、他信任的老师或同学、亲戚朋友，重新编织和融合儿子的人际关系网，为他营造一个安全有爱的生活空间。

第五，征求儿子的意见，找一个合适稳定的住所长期居住下来，让他找到"家"的感觉。

吴绪和儿子很快搬回家住了。经过一段时间的治疗，儿子的幻听和妄想症状都消除了。吴绪还定期带儿子到精神科医生那里复诊，同时也在我的陪伴下进行长期的心理咨询。

现在，吴绪也走上了学习成长的道路。她终于明白："孩子的问题，本质上是家长的问题。会爱才是真爱，不会爱是虐待。真爱需要学习！"她相信，她会找到真爱的方法，为营造儿子一个自由、有爱、有支持的成长环境，让儿子真正感受到"家"的温暖。

咨询手记：现在的人搬家频繁，陪读也很普遍。很多父母认为花钱让孩子上辅导班、租房陪读、提供舒适优越的生活条件就是爱孩子，认为陪读就是要照顾好孩子的生活，监督孩子学习，所以总是理所当然地对孩子

提要求、施压力。家长对孩子期待很高，因此焦虑也多，而家长释放焦虑情绪的方式就是不断地说教和催促孩子学习，结果往往是适得其反，弄得孩子烦恼、自己受挫。

其实，教育孩子的最佳方式，是父母先优化自己。家长只有调整好自己的心态、梳理好自己的情绪，才能够高质量地陪伴孩子。如果家长能够给孩子提供一个安静自由的学习空间，能够在孩子倾诉烦恼时耐心且全神贯注地倾听，能够在孩子有压力时给予有力支持，能够用一种尊重、理解、包容的心态去对待孩子，孩子的学习状态就会越来越好。

父母对孩子的爱不是要一直黏在一起，而是要给予孩子适度的自由空间，给孩子营造一个有爱、有支持、有安全感的心灵家园。这样，才能让孩子顺利地从原生家庭分离，像雄鹰一样飞向更辽阔的天空。

关于青春期的荷尔蒙骚动

　　青春期的孩子有很多让人匪夷所思的行为，也有为家长所不知的心事和秘密。这些除了有青春期荷尔蒙激素分泌加剧引发性心理发展的原因，也有因性教育不及时所导致的性观念误区，更有家庭教育方式不正确引发的情绪压抑和行为扭曲。走过伤痛的雨季，便是成长的晴空。

1 女人堆里的男孩容易成为"贾宝玉"

导语：小宝从小在女人堆长大，与女同学相处得亲密自然，成为很多女孩的"男闺密"。青春期之后，出现了留长发、戴美瞳、做面膜、精心护肤、喜欢化妆等类似女孩子的行为，让妈妈担忧、焦虑。下面让我们随着这位妈妈的讲述，去了解小宝的心理发展过程和父亲归回家庭之后对儿子成长所起的重要作用。

花样少年成为诸多女孩的"男闺密"

苏女士是一位细心而又关注孩子心理健康发展的妈妈，也是一位心理学爱好者。她最近发现青春期的儿子小宝有点不对劲，便给我打电话咨询。

小宝今年15岁，正上高中一年级。一个周末晚上，小宝放学回来躲到房间里打了近二十分钟的电话，打完之后向妈妈抱怨说："她俩真不听劝，我管不了了。"妈妈问他："你是不是谈恋爱了，跟谁会有那么多的话要说呢？"小宝不急不躁地说："老妈，我在帮两个女生调解纠纷，她俩因为争当历史课代表产生了矛盾，都找我评理，可是谁都不听劝，都是倔脾气！"妈妈好奇地问："两个女孩闹矛盾，凭啥由你管啊？你又不是班长。""我是他们的男闺密啊！""男闺密？"妈妈被儿子的率真逗乐了。小宝说："老妈，你不知道，我在班上最有'女人缘'啦，许多女生都把我当成男闺密，有心事愿意告诉我，谁让你儿子我见多识广会劝人呢？可是没想到这俩丫头这次竟然都不听劝，越闹越僵了。"小宝还在愤愤不平，但是一种隐忧让苏女士开始对儿子的行为有所警觉起来。

苏女士说，小宝的生活中很少有男性陪伴。她老公经营着一个小公司，天天忙得不着家，而她的社交圈子几乎都是女人。苏女士父亲早逝，姐妹三个，她是老三，没有兄弟。平日里都是她带着儿子，如果她出差或有事晚归，就会把儿子托付给母亲或两个姐姐帮忙照顾。因此，除她之外，带小宝最多的是姥姥、大姨和二姨。儿子上小学之前，她经常带他去单位，同事也都是女的。而且从幼儿园到小学，小宝所有的老师都是女的。在苏女士的记忆里，儿子12岁之前，很少与成年男性接触。

苏女士特别提道，儿子小时候很胆小，她怕儿子遭到男同学的欺负，很少让他和男孩玩。小宝唯一的男性小伙伴就是二姨的儿子豆包，可是豆包比小宝大5岁，不屑与小宝玩。因此小宝从小在女人堆里长大，所以他和女生交往起来特别自然。

小宝自幼喜欢音乐，有时会参加演出，他有强烈的明星梦，喜欢把头发留长，喜欢化妆。进入青春期之后，他特别注意护肤，省下生活费，专门给自己买了护肤品。每天早晚，都用洗面奶细致地按摩脸部皮肤，洗净后再擦上面霜，每周还做个面膜，护肤比女孩还精心。妈妈多次劝他，小宝依然如故，说明星都是这样的。有一次，苏女士带儿子参加朋友聚会，小宝表现得非常讨人喜欢。朋友们都说，小宝长得又帅又文静，总喜欢在女人堆里混，像个"贾宝玉"。

苏女士以前一直没在意，甚至还为儿子的感情细腻和善解人意而感到欣喜。但是，儿子现在上高中了，交的朋友仍是女孩子，并且成为许多女生的"男闺密"，这让她不得不担心，害怕儿子出现性别认同问题。

缺乏男性陪伴让他出现"假同性恋"现象

我让苏女士留心小宝的性取向，看他是喜欢男孩还是喜欢女孩。

苏女士故意试探儿子："你们班有谈恋爱的吗？有没有你喜欢的女孩？"小宝说："我和我们班的几个女生都是好朋友，我最喜欢体育委员胡磊，他篮球打那么好，真是太帅了！"苏女士傻掉了。这分明是一个女孩子的心态啊，再发展下去恐怕就是同性恋了。

苏女士再也无法淡定了，急忙打电话向我求助。我详细了解了苏女士与老公的相处模式以及教育孩子的过程。

苏女士的老公终日奔波在生意场上，对家庭就是个甩手掌柜，对日常生活琐事根本不管不问，只负责挣钱养家，有时三五天还不回来吃一顿饭。每次家里有事，从来都指望不上他。因此她和他吵过闹过，但是都无济于事。苏女士也知道，老公事业心重，市场竞争激烈，生意难做，他也承受着很大的压力。因此，她渐渐习惯了与儿子朝夕相伴的生活，把对老公的关爱都转移到了儿子身上。

随着孩子逐渐长大，当苏女士和老公闹矛盾心中烦闷时，小宝成了她最好的倾诉对象和劝慰者。她经常在儿子面前抱怨老公对家庭不负责任等诸多缺点，儿子每次都是非常有耐心地听完她发牢骚，然后懂事地说："妈，别和我老爸一般见识，不是还有我吗？我长大了孝敬您，不会再让您受委屈了！"听完儿子的话，苏女士的一切烦恼都烟消云散了。

我听了苏女士的叙述之后，对小宝的心理机制进行了客观分析。3~6岁是性别认同的关键期，男孩要多由父亲陪伴，女孩要多由母亲陪伴。孩子长大之前，父母还应该让男孩子进入男人的世界，让女孩进入女人的世界，否则就容易出问题。性别认同不止是在与父母的关系和家庭中形成，还要在生活的洪流中形成对性别的完整认识，而小宝的成长环境缺乏男性的氛围。苏女士和儿子的关系过于紧密，爸爸陪伴他太少。而且，苏女士总是在儿子面前抱怨老公这样那样的缺点，儿子就会认为自己比爸爸棒，甚至他潜意识里会认为，自己比爸爸更适合做妈妈的伴侣。但是随着年龄的增长，他发现爸爸其实是非常优秀的，他的想法被现实无情地粉碎，因

此陷入巨大的焦虑之中——希望超越爸爸。因此，他喜欢所有具有阳刚气质的男生，并拼命模仿他们，只想比爸爸变得更优秀。当他再次发现"超越父亲太难、做一个男人太难"时，他就有了向女性认同的想法。

我对苏女士说，小宝很可能是青春期的假性同性恋，他之所以成为许多女生的"男闺密"，一方面是因为他习惯与女孩相处，能够理解女孩的思维和行为模式；另一方面，想在女孩面前表现自己比其他男生更棒。这些都源于父爱缺失和男性陪伴太少的缘故。

"硬汉老爸"才能带出"阳光儿子"

理清楚原因之后，我立即对症下药，帮苏女士提出了调整方案。

首先，把夫妻关系放在首位。父母关系是孩子心理健康的源泉，也是孩子进入社会与他人建立关系的模板，做父母的不能为了"爱孩子"而忽略配偶。孩子乐于看到父母相爱，这样他才会安心去做一个快乐的孩子，而不是把自己妄想成异性父母的配偶。我建议苏女士以后要在儿子面前多夸老公，多提老公的优点，不要当着儿子的面和老公发生冲突，而是永远把老公放在一位，真正修复好夫妇关系。

其次，把儿子交给老公带。我建议让她老公多带小宝参加男人的体育运动和活动，甚至把小宝带到男人的社交圈里去，让他体验男人的行为模式和人际交往方式。

再次，多参加亲子活动。我建议苏女士和老公与孩子商量，共同制订一个家庭旅游计划，让孩子选择项目和地点，夫妻共同陪伴。我强调说："其实，爱只有三个字：在一起！要多让孩子融入生活、体验生活，只有带着爱出发，才会找到正确的方法。"

苏女士回家之后，向老公说了儿子的表现和我的分析、建议，还一把

鼻涕一把泪地向老公倾诉了她养育儿子十五年付出的艰辛，并向老公发出"最后通牒"：如果儿子有一点闪失，绝不原谅他。其实老公是非常爱儿子的，儿子的这个危险信号和妻子激烈的情绪反应让他幡然醒悟，后悔忽略家庭太久了。

经过夫妻真诚的沟通，二人迅速达成了一致意见，立即践行我提出的建议。苏女士的老公适时推掉公司事务，把精力和时间调整到家庭生活上来，每个周末陪儿子半天，每周请妻儿吃一次"亲情餐"。老公还不定期带着儿子和朋友们一起去露营，他们在山上挖野蒜、吃烧烤、睡帐篷、在山泉里洗澡。小宝兴奋不已，一个劲地说和老爸一起出游真爽。

为了培养小宝的"男子汉"风骨，趁"五一"长假，苏女士一家三口进行了"百公里徒步旅行"活动。一路上，他们拍照、聊天、成语接龙比赛。小宝也表现出了男子汉气概，路上帮妈妈背行囊，问路、找地借宿……他都一马当先。晚上留宿农家院，一家人有聊不完的话题，伴着徐徐的清风和浓浓的亲情，苏女士心里涌动着前所未有的快乐和幸福。

苏女士欣喜地看到，通过半年的历练，小宝变成真正的男子汉了。他护理皮肤不像原来那样精细了，再也不愿戴美瞳了。虽然还是很有女生缘，但他更喜欢和男生们一起踢球、侃大山，还特别喜欢和爸爸一起到大自然里疯玩。朋友调侃说："你家的'贾宝玉'变成了阳光少年，是个纯爷们儿！"苏女士和老公露出了发自内心的微笑，因为这个转变里有她和老公付出的艰辛和关爱。

伴随着儿子的成长历程，苏女士和老公的关系也日渐得到修复，她们的家真正成了一个传递温暖和爱的地方。

咨询手记：家庭中父亲与母亲由于性别角色不同对儿童的发展有不同影响。研究结果表明，父亲对儿童的健康发展有重要作用，并且这种作用不能被母亲所替代。心理学认为，父亲在儿童的性别角色认同中起到关键

的作用。弗洛伊德将父亲描述为儿童眼中的保护者、教育者和自己未来理想化的形象，儿童的认同作用会使儿童将父亲作为榜样进行模仿，使自己的行为越来越像父亲。我建议苏女士把小宝交给爸爸带，就是基于个心理原理。

大量研究和心理咨询实践证明，父爱缺乏和父亲缺席将会对孩子造成很大的影响，主要影响男孩子性别角色的发展。因为儿童性别角色的获得是通过同性别父母的榜样强化而形成的。父亲为男孩提供了一种男性的基本行为模式，父亲的很多行为品质和习惯都会在儿子的身上体现出来。通过对父亲缺失家庭和完整家庭对比发现，完整家庭的男孩比父亲缺失的男孩在性别角色定位上表现出更多的男子气概。在学前阶段，当一个男孩缺少父亲，他与男性交流和模仿男性行为的能力通常严重受限。因此，像小宝这样在女人堆里长大的男孩子，就会感觉与女同学交往容易，而与男同学交往比较困难。

除此之外，缺少父爱的男孩子容易产生心理障碍，例如情绪不稳定，常伴有忧郁、恐惧、紧张、焦虑；自卑心理严重，缺少阳刚之气，胆小怯懦；极易与母亲闹僵，极易偏执任性；意志薄弱，承受不了挫折，生活独立性不强等。

父爱是孩子的精神钙质。男性是力量的象征，但这种力量不仅体现在为家庭提供物质保障上，更应体现在父亲对孩子的精神支持和行为引领上。孩子健康成长需要父母配合、优势互补。父亲们在外奔波、辛劳工作，有一个重要目的就是"为了孩子"。可是，以"男主外、女主内"为借口，以工作忙作托词而远离孩子，往往得不偿失。因此，父亲无论工作多忙，也要多亲近孩子，尽量坚持每天与孩子共享一段时光。通过持续有效的亲子互动，孩子能从父亲身上接受潜移默化的影响，为身心发育补充必要的养分。

② 只有"男生缘"的女孩存在着内心空洞

导语：正值花季的小亚像一朵盛开的鲜花般芳香诱人，赢得不少男生的青睐，惹得女生们既羡慕又嫉妒。当走进她的内心，才发现她对自己极度不接纳，存在着人际关系的困扰和深层的心理创伤。让我们看看这位"恨不得抽自己嘴巴"的女孩，如何经过宣泄情绪、心理重构和爱的滋养，重新变得充满自信和富有心理能量。

她怀疑自己是个诱惑男生的"坏女孩"

一个初春的午后，高中女孩小亚非常着急地预约咨询。

小亚今年18岁，是个高三学生，打扮得新潮时尚，面色红润，身材苗条，神情却有些焦虑和忐忑不安。还没等我问话，她就急切地说："老师，想请您帮帮我，我快撑不住了！"我急忙把她请到室内的沙发上坐定，询问她发生了什么事。

在我的陪伴下，小亚开始诉说内心的困惑。

"我最近没法学习了，高考日益临近，我却越来越来焦虑不安。我住校，宿舍里有六个人。前阵子，阿丽谈了男朋友，就常常不回宿舍住，其他四个人就天天趁阿丽不在时说她的坏话。有一天她们言辞太过分了，我忍不住告诉了阿丽。从此，宿舍的氛围就不对了。一开始，我很愧疚，想跟她们四个人道歉。可是我叫她们的名字，人家白我一眼就走了。从此，宿舍里就一直暗斗着。

"事情一闹，阿丽因害怕别人的风言风语，也与男友阿建闹掰了。原来我和阿丽、阿建都相处得比较好。阿丽与阿建分手之后，阿建总是找

我诉苦，阿丽发现阿建与我走得近，也开始恨我了，而且在背后恶毒地骂我，说她非常鄙视我。你知道那种感觉吗？我最信任的人，我处处保护她，处处为她出头，尽心对她，却被她捅了一刀！

　　"这件事唤起我心里另一种很不好的感觉。我身边总是莫明其妙地围绕着男生，他们总是对我好，给我买东西，想办法找我套近乎。和他们在一起的时候，我有一种存在感、价值感和满足感，不管是不是我喜欢的男生，我似乎总有一种诱惑他们靠近我的魔力。我总会让对方对我产生好感或幻想，这完全是无意识的。过后就会有一种说不出的自责，觉得自己内心很不纯洁。我与女生的关系总是很糟糕，虽然我刻意与她们维持关系，却从来没有得到过真正的友谊。

　　"我不明白自己怎么会这样。我希望自己有担当、独立、坦诚、知礼，完全没法接受自己是个诱惑男生的坏女孩，然而那些女生们骂我骂得很难听。我好像总是在说"对不起"和"谢谢"，总是孤独一人，总是看不惯别人的随意评价。我觉得如果高考一结束，高中知识一扔，我整个人就会成为空壳，一无所知。这样简直太可怕了，所以我努力地学习，努力地领悟生活。

　　"可是所有的努力，好像都是在跟这个世界背道而驰。我格格不入，独立特行，面对宿舍女生对我的谩骂和指责，我表面上波澜不惊，内心却开始变得越来越糟糕。有一次，我在想象中看到自己把阿丽踹倒在地的画面，吓了一跳，这样的暴虐与父亲对我的方式如出一辙，于是我赶紧调整心态。

　　"宿舍女生一再对我挑衅，我被逼得无可奈何。周一，我发现自己的东西被扔了。周二，发现自己的东西被弄坏了。周三晚上，我去质问同宿舍的人谁动了我的东西，可是没人承认。周四晚上，宿管阿姨把我们全宿舍的女生叫过去开导了半天。今天中午，宿管阿姨又把我叫过去，让我跟她们示好，叫我承认错误。我不能理解，明明是我受了委屈，在她们眼里

我却成了一个'罪魁祸首'。我在家脾气越来越不好，最近忍不住对年迈的姥姥恶语相向，这让我恨不得抽自己一个嘴巴，我现在太讨厌自己了，我根本无法学习……"

小亚足足倾诉了半个多小时，我一直在静静地倾听，很少打断她，我感受到这个看似新潮的女孩内心的自卑和不安。因为小亚提起父亲的暴虐，我适时把话题转移到她的原生家庭上来。

亲近异性是在寻找缺失的爱和价值感

小亚说，她的父亲长年在外工作，经常不在家，有关父亲的记忆很少。只记得父亲很小气，别人借用他的气筒还收人家两角钱；父亲的脾气很暴躁，打哥哥的时候非常狠；父亲相貌英俊，可能在外面有女人，因此与母亲关系不好。母亲是工厂职工，乐观开朗，不善理家，粗线条，整天嘻嘻哈哈，到邻居家聊天坐下来就说个没完。童年时，父亲不在家，妈妈又忙工作，小亚经常没人管，没人给做饭吃，上课啃干馍被老师批评，她经常故意不交作业。

12岁时，小亚的母亲因与父亲生气自杀了。母亲去世不到一年，父亲就又娶妻生子了，现在她和哥哥几乎不与父亲来往。她和哥哥都是跟着舅舅长大的。她非常恨父亲，舅舅也对她的父亲恨之入骨，还找人打过父亲，但是她认为父亲是罪有应得。哥哥也学习不好，爱打架，高中毕业就出去打工了。哥哥每月都会给她寄钱，给她买最时尚的衣服，鼓励她好好学习。

小亚上初二时遇到了一位非常好的班主任老师，老师同情她的遭遇，经常开导她、鼓励她，因此她开始发奋学习。初中毕业时，她以优异的成绩考上了市重点高中。高中开始住校，她发现自己的噩梦开始了。虽然成

绩始终比较靠前，但是总得不到女同学的欣赏和信任。不论在哪个宿舍，她总会跟同室的姐妹闹矛盾。看到别的女孩都有闺密相伴，自己却总是很孤单，心里很不是滋味。相反，喜欢她的男生倒不少，这让她感到有些安慰。

我给小亚分析了原生家庭的影响。因为父亲的淡漠、母亲的忽视和意外死亡，她内心隐藏着一个巨大的缺爱空洞，这个空洞让她一生都在寻找爱，并且证明自己值得被爱，这是个非常强大的内在驱动力。当她被女生们排斥时，就会再次唤起她被父亲抛弃、被母亲忽视的痛苦。这时候，她急需得到别人的认可，以证明自己是可爱的。如果这时有一位男生对她表达欣赏和爱慕，就满足了她对爱的需要和价值感。为了保持这种被爱感和价值感，她就会在潜意识产生一种内在动力，想办法唤起男生对自己的好感。另外，因为父爱的缺乏，比她大6岁的哥哥替代了父亲在她心里的位置，于是她把对父亲的俄狄浦斯情结转移到哥哥身上。在学校时，她会把这样的情结投射到男同学身上，因此，她显得很有"男生缘"，这又引起女生对她的妒嫉、排斥和冷落，而这种情绪让她重新体验到与母亲在一起的感觉，这是她在潜意识里与母亲保持联结的一种方式。

"先泄后补"让她获得自信和心理能量

小亚听完我的分析之后，用祈求的目光看着我说："老师，你快帮帮我吧，再有几个月就要高考，我不想这样下去了！"

我说："其实你对父母都是有怨恨的，但是这种情绪你一直都在压抑，没有宣泄出来。这种怨恨就是痛苦的根源，不宣泄出来，你就不能真正获得爱的滋养。"

小亚听我这么说，泪水抑制不住地流淌下来。她哽咽着说："是的，自从我妈妈去世之后，我就再也没有流过眼泪，好像我从来不会哭，而且

经常对我的亲人发脾气，例如对姥姥咆哮。她一直对我那么好，永远包容我，永远爱我。每次对她大吵大叫之后，我总会去道歉，可是感觉永远也无法弥补。现在，我很想为亲情流泪。我的姥爷被诊断为老年痴呆，分不清我的几个表兄表姐，却一直记着我。我没时间去看他，他却总是盼望着能见到我，我不敢想象老人心里有多么的失落。想起这些，我就很难过。相对而言，受委屈、挨骂、被误解，我觉得没什么好哭的，哭解决不了什么问题。"

我从小亚的叙述中评估了她的社会支持系统。她的外公、外婆都是能够给予她爱和滋养的人，但是因为对父母的愤怒没有得到处理，这份爱她也不能很好地接受。因为她的心被怨恨堵塞，爱的滋养就进不去。同时考虑到小亚面临高考，时间紧张，用一对一的谈话治疗效果不佳，我决定用心理剧的方式，快速让她走出困境。

在征得小亚的同意之后，她在心理剧成长小组中成了主角。我让小亚选出12岁时的自己、父亲、母亲、哥哥，重现当时的家庭场景，让她对父亲的怨恨、对母亲的抱怨、对哥哥的感激，还有自己的委屈、辛酸等情绪都宣泄出来。在强大的团体动力支持下，小亚边哭边说了整整20分钟，情绪宣泄得非常充分。并且通过让她交换到父亲、母亲的角色之后，她理解了父母当时的心情，改变了她对父亲的认知，重构了心理现实。

接下来，我又让小亚找出理想父母，让父母给她道歉、给她鼓励、给她拥抱和滋养。伴随着温柔的摇篮曲，小亚在父母的怀抱里安享亲情之爱，原来那个缺失爱的内心空洞被满足了。接下来的一幕，我又让小亚对外公、外婆表达她的愧疚和自责，让外公、外婆对她表示原谅、无条件地接纳。最后一幕，我让小凤与12岁时的自己对话，达到接纳自己和整合自我的效果。整场剧结束之后，我又让每位观众与小亚联接，表达对她的爱、欣赏和赞美。这是一个"赋能"的环节，让她更加接纳自己，真正树立起自信和自我价值感。

这场心理剧之后，小亚发生了很大变化。她的内心真正有了力量，行为变得淡定从容了。针对宿舍女生的挑衅，她不温不火；针对男生的示好，她能够理性回应，不再产生自责和罪恶感。她开始接纳自己当下的状态，内心充满了上进的力量，正在全力投入高考。

看到美丽的小亚不断成长变化的过程，我似乎听到了花开的声音。我相信，当她的内心真正变得强大起来时，她就会真正赢得男生们的欣赏和女生们的亲近。

咨询手记：这个咨询有点像警察破案，经历了一个抽丝剥茧的过程。开始小亚倾诉的困惑看似是女中学生中常见的问题：友谊翻船、被舍友孤立等，但是随着咨询的深入，却发现她有深层次的心理创伤和情绪的郁结。好在我没有被来访者叙述的表面问题所带走，而是一直探索症状背后的心理原因，聚焦引发症状的关键点。

小亚产生心理困惑的关键点是对自我的不接纳，甚至是自我厌恶、自我排斥。由于自我关系不和谐，导致人际关系不和谐。然而，问题产生的根源却来自于她的原生家庭，源于父爱的缺失和母亲的忽视所造成的巨大心理空洞。

父亲对女儿的成长十分重要，因为他是女孩生下来面临的第一个异性。缺乏父爱，会造成女孩自卑、安全感差；或者很难处理好与男性的关系，面临异性时易产生挫败感和矛盾感；或者容易引起男生注意却让女生疏远，就像小亚那样，潜意识里总希望获得男性的欣赏和认可。

我们现在经常说的一句话叫"女孩要富养"。其实"富养"女儿不仅是给其物质条件的满足，更重要的是要给予充分的爱。当女孩缺爱的时候，容易出现早恋，在成年之后也不能顺利地建立亲密关系，没有能力经营好婚姻家庭。

3 "恋足癖"男孩走出"堕落"泥潭

导语：阿东是一个孤独宅男，三岁丧父，母亲经常带男伴回家。父亲的缺位、亲情的缺失、性教育的空白，成为他的人生底色；童年的经历在他潜意识里埋下了一粒种子，青春期的时候，英语家教老师刺激了他的荷尔蒙分泌，也引发了他产生"恋足癖"及其衍生症状。庆幸的是，阿东能够主动求助，不让自己在黄色网站诱惑下继续"堕落"，最终靠心理咨询师的陪伴和自身的坚强意志走出了困境，不辜负自己的青春韶华。

少年沉迷黄色网站痛苦不堪

一个周日的下午，心理咨询室来了一位不速之客。他的皮肤比女孩还白嫩，说话声音很细小，目光总是不敢与我对视。他局促地站在我面前，嘴张了几张也没有勇气说出一句话。我让他坐下来，用鼓励的目光等待他说出需要求助的问题。他迟疑了约一分钟，用哀求的目光看着我说："老师，求求你，别让我再堕落下去！"说完，这个一米七多的大男孩捂着脸呜呜地哭了起来。

根据我的经验判断，这个男孩肯定是在生活中缺乏男性力量的支持。我耐心地等待他平复情绪，开始倾诉他的烦恼。

他叫阿东，是一个典型的宅男，在家几乎不出门，陪伴他的只有网络，特别是那些黄色图片和视频对他有极大的诱惑力。他每次看过之后，一边是深深的自责和羞愧，一边又像吸毒上瘾一般继续浏览。现在他对黄色网站的依赖性越来越严重，一天不看就失魂落魄。因为经常看这些网站，他根本没心思学习，上课总是胡思乱想，看到班上的某个女生便对其

意淫一番，甚至产生了想用欺骗、劫持等方式对其进行强奸的念头。走在路上，看到女性都会有这样的联想。这些念头，让他恐惧不安，他害怕真的有一天控制不住自己，做出违法的事情。

阿东的妈妈嫁给爸爸时，姥姥和姥爷都不同意，爸妈就一起私奔到河南，共同经营着一个皮具店，生活也算富足。阿东3岁的时候爸爸因车祸去世，妈妈一个人带着他，一直没有再嫁，但是经常带男人回家留宿。阿东清晰地记得，他4岁那年夏天，一个叔叔把妈妈从客厅抱到卧室里，妈妈赤着脚，两只脚上下晃动着，像两只快乐的白鸽子。不一会儿，卧室里就传出妈妈的呻吟声，他以为妈妈受了欺负，跑过去拍着门问："妈妈，妈妈你怎么了？"可能是爸爸早逝的原因，他从小就有保护妈妈的强烈愿望。室内没有声音了，他更焦急地用小手拍门。妈妈说："东东，妈妈没事，你去看电视吧！"他不相信，执意等着妈妈开了门，看到妈妈满面红光、很高兴的样子，他才放心地去看电视。这个画面一直清晰地留在阿东的脑海里，只要一看到女人的脚，他就会联想到那个场景。

初三那年暑假，妈妈给他请了一位年轻漂亮的英语家教老师。一天下午，老师穿着低胸连衣裙、肉色丝袜和白皮鞋，补课时坐得离他很近。他的呼吸急促起来，脑子里一片空白，老师讲什么他根本就没有听进去。他总是希望老师用脚勾自己一下，但是这个念头一出现，他就立即开始自责，心里骂自己卑鄙下流。那节课他不知道是怎么上完的，老师走后，他打开电脑，刚好有一张极具诱惑力的黄色图片弹出来，他毫不犹豫地点击进去，结果却连接到了一个黄色网站。当他看到视频上裸露的女性躯体，尤其是看到女性的脚和听到女性的呻吟时，他立刻联想起了4岁时看到的那个场景。他的体内像有一股暖流汹涌澎湃，有了第一次遗精，压抑已久的性能量得到了全然的释放。从此，他便不可救药地对黄色网站上了瘾，迷恋上了女性的脚。

妈妈做生意经常不在家。自从爸爸去世，妈妈和奶奶一家人几乎没什

么来往，姥姥家离得远，他们也很少回去，所以阿东几乎是举目无亲。从8岁起，他就在脖子上挂着钥匙，自己买早餐，自己坐车上学放学。他的独立生活能力很强，可是他很孤独，在学校也没有朋友，与他相伴的只有书本和电脑。在没有看黄色网站之前，阿东的成绩始终排在全班前三名。可是自从迷上了黄色网站，他的成绩就一路下滑，现在上课根本就听不进去，更没心思做作业。老师找他谈了几次话，他也多次下决心断网，可是一回家就又控制不住了。他也曾经主动把网线拔掉，但是晚上睡不着觉，像犯了毒瘾一般痛苦得不行，非要到黄色网站看一会儿心里才舒服。他还收藏了数千个女性的足部图片，每天晚上睡觉时看看，感觉是一种莫大的享受。

"老师，你说我是不是心理变态？我是不是大流氓？你快救救我吧！再这样下去我这辈子就完了。我现在天天失眠，精神恍惚，也不想出门，甚至不想上学了，有时候觉得活着没意思，还不如死了好。可是我害怕妈妈失望和痛苦，她一个人把我拉扯大很不容易，我是她全部的希望啊，求求你，别再让我堕落下去了！"阿东说到最后，又痛苦地抱着头哭了起来。

综合诊断找出症状根源

听完阿东的倾诉之后，我对他进行了初步的情绪处理，让他的自责、恐惧等负面情绪得到了暂时缓解。同时，对他存在的典型症状及原因进行了深入系统的分析。

首先，阿东有恋足癖的典型症状。他对女性足部格外敏感和迷恋，并且收藏数千个女性足部图片，这是因为阿东童年的经历让他把足和性联系在一起，对足部联想和女性足部图片的刺激，引发了他最初的性兴奋，并在经过多次反复后形成了条件反射。

精神分析理论认为，女性的脚可以被看成极有价值的器官。在世界很多地方，人们认为一个女人在大庭广众之下裸露自己的脚是丢脸的。尤其是在中国，脚经常被隐藏起来，因此男性通过偷窥女性的脚，能够获得窥破别人秘密的快感。行为主义理论认为，当青少年经历初次性兴奋时，若遇到女性的足部，有可能将足与性兴奋联系在一起，并喜欢作为日后性刺激的方式。阿东在4岁时无意间看到妈妈被别的男人抱到卧室，看到妈妈两只像白鸽子一样的脚。虽然在当时他没有将这些与性联系在一起，但是这个场景清晰地印在他的脑海，并埋藏在他的潜意识里。当他看到黄色网站上的图片及视频时，潜意识被重新唤起，关于足和性的联想让他产生了第一次性兴奋，经过多次强化后，他越来越深地陷入对足的迷恋和性幻想之中。

其次，阿东有强迫症的症状。 强迫症属于焦虑障碍的一种类型，主要特点是有意识的强迫和反强迫并存，一些毫无意义、甚至违背自己的想法和冲动反反复复侵入日常生活。阿东存在着浏览黄色网站上瘾的强迫行为和自责、羞愧的强迫思维，而且存在对现实中的女性实施胁迫、强奸等冲动和念头。他虽然体验到这些想法和冲动是来源于自身，极力抵抗，但始终无法控制，强烈的心理冲突使他感到巨大的焦虑和痛苦，学习和生活都受到了很大影响。

最后，阿东有抑郁倾向。 在强烈的心理冲突下，阿东已经出现了失眠、精神恍惚等躯体症状和不想出门、不想上学等退缩性行为。学习成绩下降让他的自我评价降低，生活意趣下降，甚至产生厌世轻生的念头。这些都说明阿东有了抑郁倾向，必须对其心理状况保持高度关注。

从阿东的心理发展过程看，恋足癖是主要症状，强迫和抑郁都是衍生症状。恋足癖源于他童年时的经历，4岁的男孩，正是处于恋母的俄狄浦斯时期，也是性别意识的萌发期。这时期的男孩会因父亲的强大而产生"阉割"焦虑，但是阿东因父亲早逝，其心理年龄就固着在有恋母情结的4岁左

右。正常的恋母情结会让男孩的力比多投向母亲，但是阿东却把力比多投注于母亲的足部，进而泛化到对其他女性足部的迷恋，这就形成了恋足癖。

"堕落"少年重扬生活风帆

俗话说，擒贼要擒王，牵牛要牵牛鼻子。既然恋足癖是主要症状，强迫和抑郁是衍生症状，那么如果能够治愈恋足癖，其他的衍生症状会自然消失。然而，因为恋足癖属于性行为问题的性变态，这种扭曲的心理很难改变。形成这种心理障碍的原因是童年的经历，时间跨度长，且已经根置于他的潜意识里，所以对其恋足癖的治疗会极其困难。

但是面对积极求助的阿东那期盼的眼神和祈求的话语，我不忍心拒绝他。通过缜密的分析，我制订了综合性的干预措施，准备对其进行灵活施策、综合治疗。

首先，用认知疗法，对他进行系统的性教育。因为父亲的缺位，阿东没有男性的引领和对男性的认同，性教育严重缺失，因此他对正常的性取向、性行为存在很大误区。我在帮助他认清恋足心理形成的原因之后，对他进行了系统的性教育，让他建立正确的性观念，传授给他正常释放性能量的渠道。

其次，用厌恶疗法，让他对女性足部图片产生反感。把女性足部图片涂上霉斑，让他一看见就恶心。每天都让他强迫自己看五次以上，建立新的条件反射。经过两个多月的不断强化，阿东看女性足部图片的欲望有明显的下降。

再次，采用橡胶圈疗法，消减他的不好念头。让他在手腕上套上一个橡胶圈，当他再产生想看黄色网站和女性足部图片的念头时，就拉一下橡

胶圈弹手腕，给自己惩戒和恶性刺激。经过近三个月的持续惩戒，阿东由每天都要看黄色网站和女性足部图片逐步减少到偶尔才看一次。这是个非常可喜的进步，阿东基本能够恢复到正常的学习状态了。

最后，用社交疗法，让他转移精力，排除心理烦恼。 因为阿东的亲属很少，所以他变得很宅很内向，这非常不利于他的心理成长和人格完善。我向阿东详细讲解了社会交往的重要性，鼓励他走出封闭的自我空间，融入班集体，多参加一些学校组织的活动。同时，我和他的班主任老师沟通，让班级几个阳光外向的男孩主动联系阿东打球、参加集体活动。因为阿东多年自我封闭形成的行为习惯，开始的时候对参加集体活动非常不积极，即使同学邀请，他也再三推脱。我认为这是没有建立信任感、没有感受过集体动力的原因。于是，我和班主任联系，抽一堂班课的时间，给他们班做了一次团体心理训练。在团体活动中，大家都非常放松地做游戏，阿东也受到感染，逐渐放下自我防御，融入同学们中。在最后的分享环节，很多同学都流泪了，大家拥抱在一起传递着关爱、温暖和支持，建立了互相信任，加深了彼此的友谊。阿东更是泪流不止，表示愿意和同学们一起学习，积极参加集体活动，努力拼搏进取，让青春绽放光彩。

看到阿东的变化，我深感欣慰，虽然他现在仍未完全摆脱恋足癖的困扰，但是强迫症状和抑郁情绪得到明显控制，学习状态逐步恢复正常，人际交往能力有了较大的提升。我承诺，在他上大学之前，我会一直陪伴他，随时给他提供心理援助，并相信他会真正走出心理困扰，迈进他向往的大学校园，开始新的美好人生。

咨询手记：我非常感谢这个来访者，因为他是我第一次接触的"恋足癖"个案，让我对其心理机制有了更加深入系统的理解。

我通过做心理咨询发现，不管孩子发生什么样稀奇古怪的症状，一定与他生存生长的环境相关。追溯来访者的原生家庭，都会有这样或那样的问题。因此，"孩子的问题都是家长或家庭的问题"这句话并不算武断。

当我第一次见到阿东时，从他的样貌、说话的语气和神态中，就可以判断他在生活中缺乏男性力量的支持。男孩子在成长过程中缺少男性力量的支持，就会缺少阳刚之气。因此，如果夫妻离婚，女方单独带着儿子生活，就要关注孩子的心理成长，尤其是性教育不能少。性教育缺失会造成许多青春期孩子的困扰，甚至影响他们的一生。现在我经常接到"恋物""恋母""恋足"等来访者的求助电话，他们都生活在痛苦与挣扎之中。追溯他们的成长史，普遍缺乏心理的关爱和性教育的正确引导。

阿东的心理问题体现了家长的失职，是家庭悲剧的延续。希望更多的家长引以为戒，不再让阿东的故事重演。

4 错误"性观念"差点毁了他的人生

导语：在一个深秋的夜晚，青年教师宁海看着大学校园里那些亲昵的情侣们，不禁想起了自己那段昏暗难熬的青春岁月。那是一段让他至今想起都唏嘘不已的日子，他庆幸自己没有走向邪路，适时鼓起勇气向心理辅导老师倾诉了压抑许久的难言之隐，最终改变了错误的性观念，回归到正常的生活轨道上来。

黄色书籍和视频让他走入性观念误区

宁海是一个在孤独中长大的九零后男孩，爸爸妈妈忙着做生意，时常把他一个人丢在家里。因此，他从小不缺钱，最缺的是爸爸妈妈的陪伴。孤独的时候宁海就看书，透过书籍他看到了更精彩的世界。

在小学四年级时，宁海无意间在路边书摊上看到了第一本色情书籍。这本书以小说的形式描写男人的情感经历，剧情十分老套，但对性爱场景的描写对幼年时的宁海有着极大的冲击力。当时的宁海一度认为，对女性的性强暴是男人性能力的体现。

宁海青春期的荷尔蒙躁动比别人来得早，而且他身边有很多比他年龄大的朋友，所以他得到了第一张色情光碟。这是一部欧美色情片，影片中的性爱没有温柔可言。他第一次在屏幕上见到女人的阴部，就在脑海中深深地烙下了对性的恐惧。12岁的宁海觉得那是个很丑陋的东西，从此他和他的性欲开始了长久的斗争。

年少的宁海不知道如何排解青春期荷尔蒙的躁动，既忍受不了性的冲动，又对此充满恐惧。他甚至认为只要勃起就是错误，他的身体引导着他这样做，但是他的灵魂谴责着自己的罪行。他在灵与肉的相互折磨中迷失了自我。

宁海的内心总是有两个小人在打架，一个是充满青春期性欲的本我，一个是具有道德感的超我，超我总是把本我批驳得体无完肤。他感觉自己的灵魂丑陋肮脏，因此不敢正视别人的眼睛，走路总是低着头，也不主动与别人说话；上课总是思想走神，学习成绩也逐步下降，他变得越来越没有自信。

成长过程中痛苦的性压抑幸遇转机

这种饱受煎熬的思想冲突和精神痛苦一直持续到高中。在初三之前，宁海一直难以接受身边的女性，但是每当看到身边的女性，他又不由自主地想靠近她们，想去闻她们身体的芬芳，想去抚摸她们的头发。

宁海至今仍然深刻记得初三下学期坐在他身后的那位女生。当时因为学校管理严格，女生清一色的蘑菇头或者马尾辫，只有那个女生染着鲜亮的棕色头发，如同棕色的火焰，不断地灼烧着他的眼睛。宁海把她当作性幻想对象，然而当他一想到她也会有那样粗陋的性器官，便会欲望全无。

为什么呢？为什么连她都会有这么丑陋的东西？宁海既深陷在对她的幻想中，又被这个问题折磨着。可是，谁能帮助一个青春期的学生走出泥潭呢？

转机发生在高中时期。宁海和那个女孩仍然是同校，但是不同班级。她恋爱了。当看到她身边高高大大的男生抚摸着她的秀发，轻轻卷起她披散的发尾时，宁海竟然羞愧地低下了头，从他们身边逃走了。

宁海竟然不再厌恶女性的身体了。他甚至觉得它生长得如此理所应当，甚至觉得她因此变得更加圣洁无比。这个感受和领悟，如同电光火石

般，照亮了宁海那灰色晦暗而扭曲的性认知。

从那段日子过后，宁海逐渐接受了女性。那个女孩再也没有出现在宁海的视线当中，只是偶尔从同学口中听到一些关于她的消息，不过是一些简简单单的云淡风轻。她像天使般照亮了宁海灰暗的心灵，又潇洒地转身离开，从此再也没有出现在宁海的生活当中。

高中一年级的心理辅导老师对于宁海走出性观念误区起到了重要作用。在一次心理辅导课上，一位知性优雅的女老师给他们讲了青春期的性心理发展内容。在老师娓娓动听的讲述下，宁海第一次认识到性是美好而纯洁的。

课后，宁海悄悄去了学校的心理辅导室，鼓足勇气向老师说出了困扰很久的心结。他以为老师会看不起他，没想到老师却温和地看着他说："孩子，谢谢你对我的信任，我很欣赏你遇到问题时敢于求助的勇气，这是一种很棒的能力！其实，你不用再责备自己，你就像一只误闯了毒草园的小动物，误吃了毒草，轻微中毒，给你的身心健康带来了不良影响。但是现在校正还不晚，而且通过这次教训你还会对那些毒害人的黄色书籍和光碟产生免疫力。你说，这算不算是件好事呢？"老师在不动声色中改变着宁海对这件事的认知，并让他看到了自身的资源和优势。

那天，宁海像个受了极大委屈的孩子边哭边把自己内心的煎熬一股脑地都说了出来。心理辅导老师始终用接纳、包容和积极关注的态度陪伴着他，帮他梳通了心灵的郁结，引导他学会接纳自己。宁海心里顿感轻松畅快了许多，当他走出咨询室时，感觉阳光暖暖的，天空蓝蓝的。

接受自己才能接受整个世界

高中时期，学业日益繁重，在心理辅导老师的陪伴和引导下，宁海开

始学会了接纳自己的性冲动，并通过运动、发展课余爱好、疯狂刷题来疏解荷尔蒙的能量。但是青春期的男生总是莫明其妙地被"力比多"能量驱动着，做出一些自己无法控制的事情。

直到高中末期，宁海获得了一位女孩的青睐。尽管女孩并不美丽，但是她灵动的小蛮腰，都会让宁海遐想万千。终于在一天晚上，宁海亲吻了女孩。虽然青涩的少女只允许接吻，但是年轻的宁海已经十分知足，并且深深陷入其中，难以自拔。宁海并不知道其中的爱情成分到底有多少，他说，这是一段荷尔蒙大于爱意的感情。理所当然的，这场恋爱也慢慢走向了失败。

这段情感经历让宁海开始怀疑爱情的甜蜜和性的愉悦是否真实，也让他开始思考人生的意义。他觉得在自己还没有能力爱别人的时候，爱情和性都显得苍白无趣。爱和性都需要在合适的年龄、合适的时机才能够体会其幸福和美好，试图偷吃禁果，尝到的只有苦涩。想透了这些道理，他内心释然了很多。

随着高三来临，学校的压力和家长的期待让宁海下定决心把精力放在学习上，不再想这些乱七八糟的事。果然，当他心无旁骛地学习时，心灵一下就变得平静而安稳了，本我和超我再也不吵架了。他每天都把时间安排得很满，曾经烦扰他的青春期荷尔蒙被繁重的学习消耗掉，像被驯服的野兽，再也不祸害他了。

沉寂的高中生活终于结束了，宁海来到了大学校园。在男生宿舍，性成了一个可以敞开谈的话题。但是，此时的宁海不再迷茫，不再被繁杂的信息侵扰。他变得理性而富有自我觉察力，他在寻找着自己想要的东西，想通过自己的努力，相遇一个真心相爱的女子，共同探索爱的真谛。

大二这年，宁海终于遇见了相爱的女孩。他喜欢她的聪明、灵动、有趣、上进和生机勃勃，他们有许多共同的爱好和志趣，在一起的每分每

秒都很有意义。宁海和她在一起，不知不觉就变成了阳光快乐的"向上青年"，学习积极性增强了，人际关系和谐了，自信心也提升了，整个人的精神面貌发生了很大变化。

宁海终于确信，美好的爱情真的可以改变一个人。他从未觉得世界如此鲜明，生命如此蓬勃，他对生活充满了希望和为之奋斗的动力。

那段经历性压抑的痛苦时光，让宁海一度极力否认自己的本能，压抑与冲动成了他心理冲突的主旋律。随着生活的经历，他慢慢改变了自己的想法，开始接纳这种冲动和本能。

他在高中的心理辅导老师的帮助下找回了自己，从那片隐晦畸形的灰色地带走出后，他学会了放过自己，开始从心底温柔地对待身边的女性和自己的力比多。当他接纳了自己和自己的性欲之后，便接纳了所有女性和美好的东西，随之也便接纳了整个世界，他从此与以往的性压抑挥手再见。

当宁海对整个世界温柔以待，他的生活便一路花开。

咨询手记：这个心理咨询案例并不是我直接做的，但是当事人非常愿意将其分享出来，以便对家长和孩子们起到警示作用。

宁海是一位在某高校任教的青年心理咨询师，在一次心理咨询师督导课上，他向我讲起这段心路历程。当他听说我在写一本关于青春期孩子的心理案例集时，便要求我把这个案例写进来，并且以第一人称方式写了3600字的内心独白。他这种"现身说法"的大爱精神让我深受感动。

宁海说，中国的性教育太滞后了，以至于让孩子们走了很多弯路。他说，自己差点被错误的性认知毁了人生。如果不是遇到高中那个心理辅导老师，如果不是他鼓足勇气说出心里的秘密，按当时的状态发展下去，他肯定考不上大学，他甚至会堕落、会走上犯罪的道路。至少，他不可能过上现在如此美满的生活。

家长们不能只关心孩子的物质需要，更要关心孩子的精神需要，尤其是孩子的性心理发展，是中国家长最需要补的一堂课。希望此案例能够引起家长们的警醒和反思，与孩子保持良好沟通，及时与孩子"谈性说爱"，给予孩子正确的引导，让孩子度过一个阳光灿烂的青春期。

做懂爱会爱的智慧父母

　　孩子在成长过程中总是会出现很多问题，孩子就是伴随着一个个问题的解决而长大的。其实，很多问题并不需要刻意解决，淡化问题往往就能解决问题。这些问题只是孩子在特定时期出现的特定或暂时性的行为，如果能够顺其自然或因势利导，反倒能够帮助孩子安然度过心理危机。智慧父母会放下焦虑、静待花开，让孩子在爱和自由并存的环境中成长成熟。

1 教孩子理财是家长的必修课

导语：女儿"偷钱"把妈妈气哭，儿子遇到任何问题都会花钱摆平，女生上大学成为"网购控"。孩子们之所以有如此多的行为问题，皆因其内在需要没有得到满足。家长们没有真正把孩子当成一个鲜活的生命对待，没有真正尊重孩子的独立性和自我感觉。孩子通过行为问题启示我们：家长们要尽快补上教孩子理财这堂课。

孩子"爱钱"行为引发家长反思

近期，有几个家长找我做心理咨询，虽然咨询的问题不同，孩子的性格、年龄和行为方式各异，其原因却都与"零花钱"有关。

曾女士是一位小学老师，女儿小丁11岁，上小学五年级。她来求助时，气得浑身发抖，呼吸急促，面带怒容。她是被女儿的班主任老师劝过来的，原因是她与女儿的班主任既是同事又是朋友，这才敢于"家丑外扬"，诉说女儿的"偷钱"行为，并要求班主任狠狠教训一下女儿。班主任感觉曾女士的教育方式有问题，便劝她来找我咨询。

曾女士说，女儿经常偷拿家里的钱，屡教不改，而且变本加厉。今天早上竟然偷了她三百元钱。这还得了？小时偷针，长大偷金，如果再不采取严厉措施，女儿非走上邪路不可。曾女士说起女儿时一副痛心疾首、恨铁不成钢的表情，最后竟然哭得泣不成声。原来她总认为自己很优秀，多次被评为优秀教师，可是女儿的"偷钱"行为让她在同事面前抬不起头。她为矫正女儿的"偷钱"行为用尽了办法，却没有一点效果。她感到沮丧、伤心和气愤，却又无可奈何。

吴先生是一位典型的土豪，高中毕业进城打工，历经十多年的艰苦创业，现在已经成为当地颇有名气的企业家。他的独生子吴宝是含着金汤匙出生的，吴先生不想再让儿子吃苦，对儿子是"含在嘴里怕化了，捧在手里怕摔了"，各种溺爱。吴宝喜欢吃啥饭，再麻烦都让保姆去做；吴宝看电视，家里谁也不敢和他抢遥控器；吴宝不想走路，吴先生就抱着儿子走；吴宝想买啥玩具，立马就买。尤其是吴先生经常给吴宝零花钱，出手阔绰，吴宝从幼儿园就是小朋友眼里的"小土豪"。吴先生希望借此培养儿子的自信、绅士风度和领导风范。

吴宝经常在幼儿园欺负其他小朋友，而且还号召一群小朋友欺负一个小朋友。对听他话的小朋友，他会掏钱买东西收买人心；对于不听他话的小朋友，他就采取孤立甚至群起而攻之的方式令对方服从。老师和小朋友家长多次告状，吴先生还沾沾自喜，认为儿子有"领导风范"，对儿子听之任之，甚至夸儿子有出息。吴宝上小学后成绩倒数，因为他总习惯指使别人替他解决问题，作业不会做就花钱请人做，遇到任何问题，他都会花钱摆平。但是学习是不能替代的，考试成绩差，老师就不再关注他了，一些学习好的同学也慢慢疏远他。

为了继续成为关注中心，吴宝发展出一系列的恶劣行为。例如课堂上骚扰同学、给同学和老师起绰号、在教室里制作恶作剧等，成为令老师头疼、令同学避让的差生。老师多次让吴宝回家反省，吴先生每次都是请客送礼平息事端。现在吴宝上初中了，学习成绩一塌糊涂，上课睡觉，下课逛网吧，还经常和同学打架，跟老师顶牛，谁都管不了。

吴先生这才意识到问题的严重性。他想从经济上控制儿子，但是儿子要死要活的，闹得鸡犬不宁。现在吴宝总是偷拿爸妈的钱，还问爷爷奶奶要钱。吴先生深刻体会到"父欲教而木成舟"的无力和无助。

何女士是一位企业职员，她的女儿珍珍今年上大一。她说以前对女儿的零花钱控制得挺严格，在上大学以前，女儿几乎没有自己买过任何东西，都是她给女儿买回去的，珍珍每年的压岁钱也是她帮忙存着。今年珍珍考上大学住校之后，何女士每月给女儿两千元的生活费。相比其他大学生的花费而言，这个数应该是中等偏上的。何女士以为女儿习惯节俭，应该是绰绰有余了。没想到，珍珍每月总是不到二十天就向妈妈告急，有时候甚至可怜兮兮地说："妈，没有吃饭钱了！"

何女士发现珍珍自从上大学之后，有了自己的淘宝账户，总是在网上购物，而且一发而不可收拾，网购上瘾了。即便放假回家，也频繁接到快递电话。大到储物柜，小到袜子、裤头、耳机都是在网上买的。何女士忍不住责怪女儿太没节制，可是女儿反驳一句话让她顿时无语："谁让你以前管我那么严呢，我连花钱是什么滋味都不知道，现在我就是很享受网购的快乐，改不了！"原来珍珍是乖乖女，现在却如此叛逆，何女士后悔不已。

过度压抑或满足都会产生问题

三位家长的苦恼并非个例，这样的情况生活中还有很多。家长只是凭着自己的意图塑造孩子，从来没有真正了解过孩子的内心需求，更没有尊重孩子的独立人格，给孩子的零花钱不是过多就是过少，这就会造成孩子产生不同的心理问题和行为障碍。

针对三位急切求助的家长，我让他们先冷静下来，想想自己是否在陪伴孩子成长的过程，真正把孩子当成一个鲜活的生命对待，真正尊重他的独立性和自我感觉，而不是把孩子当成自己的"附属品"，用爱去控制孩子。我请家长们认真思考孩子行为背后说明什么问题？家长们到底爱的是孩子还是他们自己？当孩子的行为出现问题时，是否积极寻找原因、想办法？是否耐心和孩子进行过沟通？是否真正看到孩子的内在需求并给予尊重和满足？

曾女士回忆说，她第一次发现女儿偷拿钱是女儿上小学三年级。女儿想买一个高级削铅笔机，曾女士认为没有必要。后来女儿又说过几次，曾女士都是有口无心答应给女儿买，却迟迟没有行动。于是女儿偷偷在她的抽屉里拿了二十元钱，买了一个漂亮的削笔机。曾女士替女儿收拾书包时发现后，女儿说是找同桌借的。曾女士爱较真，立即找到女儿的班主任，落实削笔机的出处。女儿看到"东窗事发"，只好承认拿了家里的钱。曾女士勃然大怒，说女儿的行为是"偷盗"，问题性质极其严重，是道德问题。现在偷小钱，将来偷大钱；现在偷自己家，将来就会偷别人家，于是体罚了女儿。

这些事弄得满城风雨，同学知道了，老师知道了，女儿感觉没有面子，内心对妈妈产生了怨恨，不仅"偷钱"行为没有减少，还喜欢撒谎。曾女士性格要强，容忍不了女儿的行为，给女儿讲道理，不听就打。母女间的怨恨越积越多，女儿的行为也越来越偏离曾女士设想的轨道。其实，她根本不了解孩子成长的规律和内心需要。如果她能够真诚和女儿沟通，给女儿一定的零花钱由其自由支配，并商量一些规则，女儿肯定不会像现在这样与她处处做对。

吴先生是基于"过度补偿"的心理，给予吴宝的爱过多，而且吴先生自己存在着"有钱能使鬼推磨"的观念，认为有钱就可以摆平一切。因此，解决问题的方式就是钱。这种观念无形中对吴宝产生了深刻影响。吴先生无节制地给小宝零花钱，让吴宝从小就感受到钱能掌控一切的优越感。其实是一种虚假的"自恋"，而不是真正的自信。真正的自信是能够勇敢面对和战胜现实生活的困难、拥有适应复杂生活的能力，而吴宝的基本学习能力都很差。当他发现钱不能解决问题时，就会惊慌失措，就会产生自卑感和失落感。但是他从小的经历又让他忍受不了被忽视、被冷落，所以就会采取不断捣乱的方式，吸引老师和同学的注意，借此满足自己的存在感和"自恋"。如果吴先生不过度给小宝零花钱，不足过度满足儿子

的一切需求，吴宝就不会成为令人头疼的学生了。

何女士是一位单亲妈妈，她反省说："我完全忽视了女儿是一个成长着的生命体，严格控制着女儿的成长节奏，把学习放在首位。而珍珍很孝顺，把委屈和不满都压抑在心里。直到上大学，看到同宿舍女生讨论各种购物感受，她才发现原来的十八年竟然都白过了。于是那些被压抑的欲望如冬眠的蟒蛇出洞，根本控制不住。我好后悔啊，以前根本没有想过给女儿零花钱，她要啥我就会第一时间买给她，我想她根本用不着花钱。谁想到花钱也是一种自我体验，缺失了这种自我体验会永远成为一个心理空洞。现在我理解了女儿的行为，我要真诚地给女儿道歉，并努力弥补女儿这个心理缺失，努力帮女儿消除网购成瘾的行为，陪伴女儿共同成长！"

科学合理地满足孩子的金钱需求

孩子的零花钱问题，看似小事，其实却是事关孩子性格形成和行为方式的大事。我国没有培养孩子理财观念的意识，家长控制钱是常态，孩子在未成年之前很少有能够自由支配的钱，这很不利于孩子的自我意识形成和社会适应能力的提升。西方的大多数心理学家得出结论：孩子的兜儿里越早有钱，他们就能越快地适应成年后的生活。有资料表明，即使是很小的孩子，也会为自己有个小钱包而感到自豪。给孩子的这种零花钱在英国叫做"兜儿里的钱"，在美国叫作"津贴"。外国的很多小学生都会把攒起来的零钱存到银行去，在银行有自己的帐户。家长为年幼的孩子开银行帐户在西方已经屡见不鲜。

针对以上来访者的情况及普遍性问题，根据我做心理咨询的经验，对矫正孩子的不良行为和培养孩子的理财能力提出以下建议：

首先，评估问题程度。如果发现孩子有拿钱行为，时间短、次数少，

不必上纲上线。如果上升到道德层面，反应过度，问题反而会更加麻烦。因为大多数儿童都或多或少存在偷拿钱的行为，大约是不能区分别人与自己。如果家长过度反应，就会给孩子贴标签、强化问题行为。如果不去强化，这些行为会慢慢地自动消除。

其次，查找问题原因。小孩子第一次花钱体验是特别的。如果给孩子的零花钱不够，不能满足孩子的心理需要，他就可能会拿家里的钱。女孩子有虚荣心，在学校喜欢显示自己有各种各样的文具和喜欢的物品。而且商家有许多诱导性消费，甚至有一些少女文化，使孩子产生购买欲望。孩子偷拿家里的钱，属于正常的发展问题，家长发现后不必大惊小怪，要耐心地与孩子沟通，看到孩子的内在需求，有限度地满足孩子。一味地打压和过度的满足都不利于孩子的身心健康发展。

再次，适当给予惩罚。孩子在成长过程中，使用惩罚性教育是需要的，关键是要适当。惩罚性教育的原则是打痛不打伤，打完以后需要安抚，并且告诉孩子错误是什么，怎样做才是正确的。如曾女士发现女儿有拿钱行为之后，可以先警示女儿：不可以私自拿钱，如需花钱，可以向父母申请，父母会给予满足。如果女儿再犯，可以进行惩罚，比如让女儿在"安全角"进行反省，认清行为界限。同时曾女士还要向女儿表明，惩罚针对的是错误行为，而对女儿还要表达无条件的爱和接纳，让女儿感受到力量和支持。

最后，进行理财教育。对孩子进行理财教育十分重要，应该成为现代父母的基本要求，可惜大多数父母缺少理财教育能力，自己的理财能力也很有限。很多家长都想知道，如何给孩子零花钱？我认为，家长要明白，零花钱可以让孩子从中获得生活的经验，因此在给孩子零花钱时应该考虑以下几条准则：

1.确定基本数额时应与孩子商量。家长可以和孩子谈谈每月给多少零花钱合适，如何来花这些钱，万一超支了怎么办，每月或每周定期让孩子有

一些收入，让他们学习如何管理钱、怎么做花钱计划等。给孩子零花钱的数额要考虑到家庭的收入、孩子的年龄以及必须花费的内容等因素。数额确定后，家长就可以避免成为孩子的提款机了，并容易追踪了解孩子的花费。孩子在花钱时也可能会犯一些错误，这是对他们最好的教育。

2.鼓励孩子储蓄钱。如果孩子有储蓄钱的想法，家长应给予鼓励，因为这是孩子学会如何有计划花钱的开始。

3.不要给得太多。太多的钱会带给孩子不切实际的期望，在花费时就不能区分优劣、做出正确的选择。

4.设立一个固定的付钱日。设立一个固定的日期给孩子钱，并坚持下去，以便让孩子有机会做好花费预算，也是很重要的。如果晚给孩子钱就会破坏他们原先的计划，这就像你被拖欠了工资影响了你的财政计划一样。

5.培养积极心态。孩子的问题大多数是发展性问题，可以适当关注。但是家长更需要关注孩子的优点，进行赏识教育。有时候发挥了优点，缺点就会不知不觉地消失。父母拥有正确的金钱观和理财观，孩子才能够有健康的理财观。

咨询手记：记得是刚过完年，我连续听到多个家长诉说关于如何处理孩子零花钱方面的困惑，而且身边还有令我颇为震惊的案例，如孩子拿了家里的钱，就被父母打骂，或者被妈妈揪着耳朵去学校找老师，或者把孩子的"偷窃"行为告诉别人……我为这些家长的莽撞之举感到悲伤甚至愤怒。很多孩子就毁在这些"无明"的父母手里，这是中国式家庭教育的悲哀。

希望读者能够从这些案例中受到启发、汲取教训，在教育孩子中少走一些弯路，让孩子们都能够健康快乐地成长。

2 淡化问题帮"口吃"宝贝走出困境

　　导语：若尘是一位有耐心的妈妈。当她发现女儿因口吃而自我封闭、甚至辍学时，立即求助心理咨询师，积极探索女儿"口吃"的心理、生理原因及治疗方案，最终陪伴女儿走出困境。她的做法告诉我们：为人父母，不仅要有爱孩子的心，还要有与孩子"通心"的智慧和表达爱的方式。只要心中有爱，陪伴孩子的每一段时光都是幸福的。

"口吃"女孩不想上学

　　若尘和老公经营着一家水暖商店，育有一儿一女。19岁的儿子已经上大学了，女儿小楠12岁，非常可爱懂事，她和老公对女儿视若掌上明珠。美中不足的是，小楠小时候有点口吃的毛病，因为女儿两三岁时，若尘就教她背唐诗《咏鹅》，忘词的时候，就不断地重复。这时，若尘会严厉地批评女儿，小楠从此落下病根，只要一急就会出现说话不利落的现象。开始的时候比较轻，偶尔才出现口吃，但是小学三年级之后，小楠的口吃症状突然加重，哪怕是和熟人说话也结结巴巴。

　　自从小楠上六年级以来，原来活泼开朗的她变得越来越内向。若尘向班主任了解情况，老师说小楠上课不敢回答问题，也不主动和同学们交流，可能是因为口吃受到了同学们的耻笑。其实，若尘也发现类似情况，有几次小楠被同学耻笑之后，回家关上房门哭了很久，她和老公都去安慰和开导女儿。小楠很乖巧，他们说什么她都不反驳。若尘以为女儿想通了，而且还为自己能够做通女儿的思想工作感到得意呢。但是，她渐渐地发现小楠越来越不爱说话了，在家里只有吃饭时偶尔说几句话，其余时间几乎默不作声，遇到熟人也不打招呼，走路经常低着头。老师说，小楠在学校也经常独来独往，很少看到她与同学结伴同行。最近，同学又给她起了个外号叫"小哑巴"，这让小楠更接受不了，坚决不去上学。眼看小升初考试逼近，若尘和老公都急得抓狂了。

小楠已经一周没去上学了。女儿开始时说头晕，若尘立即带她去医院，抽血化验做各种检查，也没有检查出什么问题，医生说在家里休息两天就好了。可是，小楠坚持说自己有病，除了头晕，还肚子疼，而且疼得在床上直打滚。若尘看着孩子痛苦的样子，急忙又带她去医院检查，医生说可能是短暂的肠痉挛，心理紧张也会引起肚子痛。这样反反复复好几次之后，若尘发现只要让女儿去上学校，女儿就头晕或肚子疼。如果不说上学的事，她就没有这些症状。若尘把这些情况再次与班主任进行了沟通，班主任分析，小楠的症状可能是心理性的，希望她找心理咨询老师咨询一下。

过分纠正是一种心理强化

若尘通过朋友推荐找到了我，向我诉说了女儿的各种症状及表现。首先我要确认小楠是否真正属于口吃，是属于生理性口吃还是病理性口吃。

我向若尘解释说，口吃是一种语言障碍，伴随反复、拖延、堵塞等言语现象，还常常出现心理方面的变化。如预料在某种场合下或某个词汇会出现口吃，出现担心、回避等。口吃多发生在幼儿期，2~3岁的孩子特别容易发生口吃，因为此时的儿童形象记忆的效果高于词语记忆的效果，也就是说，认识的事物已经很多，但是掌握的词汇较少，且不牢固。当孩子迫切地想表达自己的意思，一下子又找不到适当的词，再加上发音器官尚未成熟，对某些发音会感到困难，而神经系统调节言语的机能又差，也特别容易形成口吃，这时的口吃在医学上称为生理性口吃。只有当儿童口吃发

生在5岁或6岁之后，而且有口吃家族史时，才考虑是病理性口吃。从小楠的情况看，应该属于生理性口吃，是可以治愈的。

若尘顿时释然很多，继续向我刨根问底："口吃是什么原因引起的呢？小楠原来口吃不太严重，为什么从三年级以后情况突然加重了呢？"

我耐心地对若尘进行了"口吃"知识普及。我说，口吃的病因和病理机制尚不明确，从病例跟踪情况看大致有以下原因：

一、遗传因素。口吃患者家庭发病率可达36%~55%，可能为单基因遗传。也有人发现口吃患者及亲属中左利手多见，认为口吃与大脑优势侧有关，所以有些父母强迫左撇子儿童改用右手时，往往也会发生口吃。

二、躯体因素。较多儿童在产期或婴儿期母体患出血、躯体性疾病或发育过程中患某种传染病使神经系统功能弱化，言语功能受累而致口吃。或者儿童的神经系统在发育过程中受到损伤，使大脑皮质功能活动性降低，导致神经过度紧张，再加上儿童的情绪不稳定，对于处在学习语言阶段的儿童来说，也极有可能引发口吃。

三、精神因素。儿童口吃往往发生在精神创伤之后，当儿童听了可怕的故事、看了可怕的影片而受到惊吓，或者由于家庭不和睦、家庭对孩子管教方式不当、态度粗暴导致孩子精神紧张，害怕说错话，说话时压力过大，缺乏信心不敢说话，从而发生口吃。

四、性格因素。由于有些年幼的孩子性格过于内向、害羞，不愿与人交往，再加上精神过度紧张，在与人交流时也会出现口吃。

总之，口吃可能是生理与心理多种因素综合作用的结果。小楠的情况本来不是很严重，如果不去强化她，可能慢慢就会好了。但是因为小楠在向青春期过度时期受到了外界的刺激和强化，青春期的孩子非常在意自我形象和外界的评价，因此非常脆弱和敏感。或许是有的同学感觉好玩，学她说话，她就误认为是同学有意取笑她。当心理产生了自卑和敌意时，她对同学就开始产生了负面的投射，哪怕别人的一句玩笑，都会引起她的自

卑感和耻辱感。在这种心理压力下，小楠的口吃从影响正常的人际交往到变得自我封闭，形成了恶性循环。

若尘听后非常认可，又问道："小楠出现口吃后，看到孩子痛苦，我和老公也感同身受，恨不得代替孩子承受。我们到处咨询矫治，为什么没有效果呢？"

我非常坦诚地说："那是因为你们没有找到病根。发现儿童口吃，并不要急于矫治。口吃是一种常见的语言障碍，对心理性口吃，家长不必忧虑。如果过分关注，如在孩子口吃时批评或者反复矫正，反而会强化这种行为。因此，家长应正确对待儿童口吃，不要过分纠正讲话，尤其要避免惩罚或歧视。要首先帮助孩子克服口吃而引起的自卑和紧张情绪，引导孩子平静地缓慢地讲话，逐步掌握流利讲话的规律。必要时采取口吃矫正训练，同时鼓励孩子参与集体活动和锻炼，让孩子在放松的环境和氛围里突破语言表达障碍。"

听了这样的分析之后，若尘后悔当时把女儿口吃太当回事儿，一听到女儿说话不利索，就焦虑不安地反复纠正她的发音，以至于小题大做，弄巧成拙；后悔女儿在向青春期过度时，对她的心理关注太少，给予爱的方式太简单。

用鼓励帮女儿找回自信

针对小楠的情况，我对症施策，制订了科学严谨的治疗方案。这让若尘看到了帮助女儿走出痛苦的希望，自然积极配合。

首先，为小楠创造良好的语言环境和宽松的心理环境。我反复提醒若尘，儿童口吃的形成大多与早期语言环境和教育引导有关。最关键的是不能强化孩子的口吃意识，善意的提醒和帮助往往只会加重孩子的心理负

担。因此，当小楠说话口吃时，若尘不再纠正她或者表现出很焦急的神情，她经常用亲切的抚摸与鼓励的眼神与女儿进行心与心的沟通，让女儿感受到妈妈对她的理解和尊重，淡化她的自卑感，减少她的焦虑、悲观等负面情绪。并且若尘不再催促女儿去上学，允许她在家调整好自己的情绪和心态。若尘还专门请假带小楠出去旅游，和女儿聊起她和老公小时候的故事，也和女儿分享她青春期的痛苦和迷茫。若尘发现和女儿的共同语言越来越多了，当女儿置身于一个心情舒畅、放松释然的环境里时，能够顺畅地表达。若尘及时给予鼓励，告诉女儿："你很棒，妈妈永远爱你！"若尘和老公采取各种办法，不断鼓励女儿多讲话，增加她成功、流利说话的体验，小楠的信心与日俱增。

其次，给小楠提供更多的表现机会，帮助她找回自信。我告诉若尘，小楠的关键问题在于缺乏自信心。而自信心是一个人对自身力量和自我价值的正确认识和充分估价，对思想、情感和行为起着调节作用。小楠因为自卑，不能正确认识自己，自我评价过低，因此出现了回避社会交往，以致怕上学的行为。因此，帮小楠找回自信是当务之急。我引导若尘和老公经常陪小楠玩"优点大爆炸"的游戏，让小楠看到自身的优势和特长。同时，若尘让小楠的班主任动员同学们采用适当的方式，邀请小楠返校。果然，小楠很快就接到了同学们的各种问候和邀请，她发现其实自己在同学们心目中挺优秀、挺重要的，同学们也都很热心和善良。

时逢小楠12岁生日，若尘和老公商量让女儿过一个开心、快乐的生日。若尘知道小楠最喜欢美食和做甜点，于是让女儿邀请自己最好的三位同学到家里吃饭。若尘做了一桌孩子们爱吃的菜，而女儿也在妈妈的帮助下，做出了培根面包、蛋挞、糯米丸子等面点。小楠的手艺震惊了小伙伴们，这些在家衣来伸手、饭来吃口的孩子们没想到小楠会有这手绝活，皆对小楠佩服不已，边吃边一个劲地点赞。这让小楠感觉自己受到了器重，格外高兴。过后，小楠对若尘说："妈妈，真的没想到我在同学眼里这么

牛呢！"第二天，小楠主动要求去上学，若尘按捺不住激动的心情，给了女儿一个温暖的拥抱。

最后，宽容对待反复，不断巩固成果。小楠回到校园之后，原来的痛苦情景和情绪还不时涌上心头，情绪不好时，表达又会出现口吃现象。但是班主任是一位非常善于做学生思想工作的老师，同学们对小楠都采取了接纳和包容的态度。有时，老师会提问小楠，当她能够流畅地回答问题时，同学们都会热烈鼓掌。如果偶尔小楠表达不够流畅，老师会从小楠回答问题的内容上找到亮点，及时表扬她，让她忽略自己表达不畅的受挫情绪。

回到家里，若尘从网上下载了一些朗诵诗歌散文的音频，让女儿反复模仿诵读，从发音、语速、语气到情绪情感的把控，小楠都表达得非常好。在学校举办的母亲节汇报表演中，小楠声情并茂地朗诵了一首《母亲的目光》，感染了所有的师生和家长们，而若尘早已是两眼泪花。她当晚打电话给我，欣喜地说："我女儿不但突破了口吃的心理障碍，而且把劣势变成了优势，那个乖巧可爱的女儿又回来了！"。

回顾陪伴女儿走过的这段心路历程，若尘感悟很多。她说，作为母亲不仅要有爱孩子的心，还要有爱孩子的智慧。孩子有时会比我们想象的更坚强，关键是父母要和孩子"通心"。只要有爱的流动，陪伴女儿的每一段时光都是幸福的。

咨询手记：我之所以选择这个咨询案例，是因为心理性儿童"口吃"是比较普遍的现象，给很多家长和孩子带来烦恼。如果孩子的"口吃"被不断强化，这很可能成为孩子终身难以改变的缺陷。我记得小时候，邻家的男孩淘气，学村里的"结巴舌"说话。每次都被妈妈训斥。本来孩子是模仿别人的，后来每次挨训时一紧张就结巴。妈妈认为他是"知错不改"，就更加生气地骂他甚至打他，结果他真的变得了"结巴舌"，到现在还结巴呢。但是，每当他喝酒之后，心情放松，或者与好友一起轻松聊

天时他就不结巴了。这是一个非常有意思的现象，说明结巴是由心理紧张造成的，越紧张越结巴。

　　家长们知道了这个道理，当孩子偶尔出现口吃时，就不要急着去纠正，而是以平常心对待。对于孩子在成长中遇到的一些问题，家长们不必大惊小怪，或者焦虑不安。如果家长紧张焦虑了，孩子就会接受这些情绪的传递或者受到暗示，变得更加不自信。发现孩子"口吃"，绝对不要取笑、批评、打骂，更不能当孩子的面和别人议论，这样会让孩子很受伤。

　　本文中的若尘是一位在学习中成长的智慧妈妈。她在心理咨询师的陪伴下，以身示教，抓住机会表扬孩子，帮孩子建立自信心，为许多家长做出了示范。

3 迷信妈妈醒悟后拯救叛逆儿子

导语： 40岁的李梅，精巧玲珑，时尚干练。她向我倾诉了自己因相信迷信而对青春叛逆期的儿子疏于管理，导致孩子放任自由、结伴打架，最终受学校处分后辍学的经历。深深的后悔和愧疚的情绪从她的语言中散发开来，触疼了我的心。好在她及早醒悟，迷途知返，改变自己，让儿子重新走上了正道。

孩子叛逆，妈妈无奈去算命

一个周六下午，一位四十来岁、着装时尚的女人走进咨询室，她显得焦躁不安，一进门就急切地说："我儿子在学校受了处分，回家不吃不喝不说话，两天没出门了，这可怎么办呢？我怕他憋出病来！"我给她倒了杯水，让她坐下来慢慢说。

她叫李梅，通过她的讲述我了解了整件事的来龙去脉。

李梅的儿子孙吉宝今年14岁，在市里的一所重点中学上初三。自幼聪明活泼、顽皮好动，鬼点子多，是小区里有名的孩子王。吉宝学习悟性强，一学就会，在小学阶段成绩一直在班级名列前茅。虽然平时他调皮捣蛋，但是老师看他学习成绩好，对他比较宽容。但是到初中之后，吉宝的成绩急转直下。

重点中学纪律严明，学习竞争压力剧增，但吉宝还是像小学阶段那样我行我素。因为违犯学校纪律，他时常被老师批评，写检讨书、罚站、罚打扫卫生、被拉到讲台上亮相……因此，吉宝非常讨厌学校生活，学习成绩一落千丈。到初二下学期时，吉宝成了班级成绩的垫底户。学校是按照

学生成绩排坐位，吉宝自然被排到最后一排，而且是靠近门口的位置。他这个坐位既可以上课睡觉，又可以看课外书、玩手机，并且是观察老师行踪的最佳位置。每当上自习课发现老师在教室外巡察，他都会故意咳嗽一声提醒同学们，因此吉宝在班里的人缘并不坏。他有三个要好的铁哥们，他们经常在一起吃饭、打球、聊天，一起翻墙到校外泡网吧。

　　吉宝自上初三之后，变得越来越叛逆，不交作业还顶撞老师，老师气得让他在厕所门口站了一节课。这件事，让吉宝对老师恨之入骨，从此故意与老师作对，如在老师衣服后面贴纸条、制造恶作剧，让老师出丑。老师不断给李梅打电话，让她配合学校对儿子加强教育。每次李梅都对儿子牢骚满腹、批评指责，老公更是对儿子大打出手。在这样的高压教育下，儿子不仅没有回头，而是更频繁地与几个差生混在一起。

　　眼看儿子整天混天度日、不求上进，李梅无计可施。一天，她逛街时看到一个"周易研究所"，外面的牌子上写着：大师坐堂，四柱算命，生辰八字算命,预测前途命运。李梅好奇地走近打探，看见室内摆着一张方桌，桌上放着香炉、供着神像，一个慈眉善目、头发花白的男士正在给一个访客批卦，室内还有五六个人坐在小凳子上等着。李梅那天等了一个多小时也给儿子算了一卦，"大师"说："这个孩子是个童子，在神界犯了错，被贬到人间，必须在阴历初一或十五举行一个'还童仪式'，才能让他浮躁的心平静下来，不然永远收不了心。"接着"大师"给李梅讲了"还童仪式"的做法，最后把一张写有吉宝生辰八字的黄裱纸叠成小方块，嘱咐李梅放在孩子的被褥下面，说这样可以保孩子平安，保证孩子在一月内收心学习。李梅喜出望外，回家一切按"大师"所言去做，不敢有一点闪失。

　　眼看一个月即将过去，仍不见儿子有丝毫改变，李梅有点沉不气了。正当她想再去找大师探问究竟时，李梅接到学校电话：吉宝因和同学打架，被派出所带走了。李梅眼前一黑，险些晕倒。儿子不仅没有变好，还捅出这么大的娄子，这可如何是好呢？

神仙不灵，夫妻失和是根源

我适时打断了李梅的倾诉，让她回想一下自己的原生家庭和婚姻生活。她沉思了好一会儿，才重新开始叙述。

李梅和老公孙民庆都出生于农村家庭。李梅的母亲非常强势，经常把父亲说得一无是处，父母因此经常吵架。孙民庆早年丧母，父亲一直没有续弦，因为望子成龙，对他管教非常严格，只要犯点小错就会招致父亲的打骂。因此，原来天资聪明的孙民庆到高二便辍学到市里打工。因为他思想活络、广交朋友，从开小卖店开始，不到三年时间就成了拥有一家中型超市的小老板。李梅在他的超市里打工，孙民庆看她姿容俏丽、聪慧麻利，日久生情，两人便很快喜结良缘。

李梅是个争强好胜的人，婚后她与老公同甘共苦，把生意做得风生水起，很快他们就在闹市区又开了一家分店。夫妻各自经营一个超市，共处的时间越来越少。有了孩子之后，李梅更是分身乏术，便请母亲来替她料理家务。母亲信佛，经常出去烧香算命。每次算命回来都对李梅说算卦先生很神，前生后世都算得非常准。李梅开始也不信，但是母亲说得多了，她也感到好奇。

有一次，趁母亲找一个号称"神算"的盲人算命时，李梅也去了。那人问她算啥，她说算婚姻。那人让她报上自己、老公的姓名和生辰八字，掐指自语一会儿说："你老公最近遭遇桃花劫，因为来回借债与一个女人有了私情，现在你老公被那个女人迷住了，一时很难解脱。"回家之后，李梅留心老公行踪，果然发现老公与一个女人交往密切，她和老公因此经常吵架。从那时起，她心里一有解不开的疙瘩就去算命。俗话说"信则有，不信则无"，由于李梅对算命深信不疑，对儿子的教育迷茫时，他也求算卦先生指点迷津。

李梅那次算卦回来，装神弄鬼地给儿子举行了"还童仪式"，并把

写有生辰八字的黄裱纸压在儿子的被子下面。但是不久发现儿子总是回来很晚，晚上放学回来后还经常躲在卫生间打电话。一天晚上，李梅的妹妹李菊回家时，刚好碰到放学的吉宝和两个打扮得流里流气的男孩在校园外的小树林里抽烟。李菊打电话对姐姐说了吉宝抽烟的事，并劝告她说："你们必须得改变对吉宝的教育方式，不能再让他这样混下去了，再这样就把孩子毁了！"李梅说："不会的，有大师保佑他呢！过一段时间就好了。"可是，每二天下午，吉宝就被派出所民警带走了。

经过民警调查，吉宝是一起打架斗殴案件的主谋。原因是吉宝的铁哥们小伟喜欢上了邻班的女孩晓妍，小伟被同样喜欢晓妍的男生李楷打了一顿。小伟把挨打的事告诉吉宝后，吉宝当即联系三个好哥们，商量着报复李楷。下午放学，吉宝把李楷堵在了放学的路上，二话不说，朝李楷的左眼就是一拳。几个哥们怕吉宝吃亏，留下小伟望风，其他的都来帮忙，一阵拳打脚踢，把李楷打得晕头转向。小伟看见有人过来，一个呼哨，四个人飞一般四处逃散。路人看到被打的人躺在地上，急忙打110报警。派出所到学校调查李楷被打事件，很快就找到了吉宝四人。李楷经检查，发现有眼底出血和轻微脑震荡，需要继续住院治疗。经过民警调解，李楷家长与吉宝等四人的家长达成了赔偿协议。吉宝四人分别受到了学校的留校察看、记大过等处分。

迷途知返，科学施策走正道

李梅的妹妹李菊在市里重点高中教学，对姐姐凡事求神灵的做法感到不可思议。在吉宝出现严重逆反情绪时，李菊多次劝姐姐调整教育方式。李梅虽然知道不该总是指责和唠叨孩子，但总是控制不住自己的情绪。尤其是在与丈夫吵架之后，总是把坏情绪发泄到孩子身上。李菊建议姐姐做

心理咨询，并且托朋友给她找心理咨询师。但李梅不仅不领情，还责怪妹妹说："我没有心理疾病干吗要去咨询？天天忙得脚打后脑勺，哪有闲工夫去啊。"

经历这一事件之后，李梅和老公都深刻认识到了自己的教育方式出了问题，在李菊的再三相劝下，最终李梅先走进了心理咨询室。在她感到咨询有效果后，先后把老公和儿子也带到了咨询室。由于李梅一家人渴望改变的愿望非常强烈，所以咨询效果也非常明显。

第一，让我李梅与老公互相配合，转变认知和沟通模式，建立互相信任、互相包容和互相支持的夫妻关系，营造轻松和谐的家庭氛围。

第二，让他们平静地接受孩子的现状，接纳孩子的一切优点和缺点，改变对孩子的态度，多给孩子以肯定和鼓励。

第三，让他们主动与学校老师做好沟通，让老师多发现孩子的优点，适时给予表扬。

第四，让他们学会以发展的眼光看待孩子，相信孩子一定会变得越来越好，遇到孩子出现不良情绪时，不要急躁焦虑，要学会等待，合理引导，耐心陪伴孩子走出情绪低谷。

第五，父亲多陪孩子做户外活动，充实孩子的课余生活、重新构建孩子的朋友圈，让孩子在被正能量包围的环境里潜移默化。

经过一个多月的调整，李梅一家人都有了可喜的变化。夫妻关系、亲子关系和谐了，吉宝下决心痛改前非，专注于学习，成绩提升得很快。几个月后，我接到李梅的电话，他说吉宝在期中考试中成绩提到了班里的三十名。当她看到儿子的成绩时，激动得哭了，她说再也不迷信算卦了，用爱心和科学的方法教育孩子才是正道。

咨询手记：整理完这个咨询案例，我心里五味杂陈，既为家长的不当行为感到悲伤，也为李梅的迷途知返感到欣喜。

　　目前，很多家长从来没有受到过系统的"家长教育"，不知道怎么教育孩子，也不知道如何爱孩子，无法很好地履行当父母的职责。因为他们自己还处于一种迷茫、无助的状态，当孩子出现问题又无计可施时，便会借助于超自然的力量，企图得到"高人"指点或"神灵"的庇护。

　　实事说明，能拯救李梅的只有她自己。如果她不是求助于心理咨询师，采用科学施教的方法引导孩子，那么吉宝将在叛逆的道路上越走越远。曾有一个朋友的孩子，因为父母经常吵架，家长教育方法简单粗暴，导致孩子在青春叛逆期不断打架，最后被学校开除。家长对此无可奈何，每当孩子闯祸之后，父亲打骂、母亲哭泣，最后这个孩子离家出走。在一次打群架时，他把另外一个孩子用刀捅死了。他因此被判了死刑，19岁就离开了人世。这个案例警示家长：当孩子出现问题时，家长一定要及时反思教育方式，千万不可固执己见，以致贻误时机，影响孩子的健康成长。

4 父母要做家庭教育主力军

导语：在"4+2+1"模式的家庭中，爷爷奶奶、外公外婆和爸爸妈妈六个人的爱全部投到一个孩子身上。父母容易在教育孩子中受上辈的干扰而丧失原则和边界，当孩子出现问题时，又会导致家庭矛盾不断升级。隔代教育中到底会产生哪些问题？有哪些复杂的心理因素？父母如何在家庭中保持教育孩子的主动权？赵女士的教子经历给我们提供了一个成功范例。

自己生的孩子不能教育

在"家长心灵成长"沙龙里，赵女士诉说了她的烦恼。她的儿子明明今年9岁了，非常聪明，学习却很差，而且性格任性、偏激、爱比较，很会在大人之间巧用心思。

明明生活在一个典型的"4+2+1"的家庭中，爷爷奶奶、外公外婆和爸爸妈妈六个人的爱全部投到他一个人身上，这让明明从小就享受到"小皇帝"的待遇。尤其是爷爷奶奶对唯一的孙子疼爱有加，明明不吃饭，奶奶就端着碗追着喂；如果孙子跑着玩时，被凳子绊倒了，奶奶就心疼得搂着明明，边打凳子边说："都怨它，把我的乖孙子绊倒了，奶奶给你出气啊，咱打它打它……"明明便会破涕为笑；明明上学前班，从家里到学校只有三百米的路，爷爷奶奶心疼孩子，却要用"摩的"接送。

赵女士说，她小时候姊妹们多，一般是孩子竞争着表现好，希望得到长辈更多的爱，可是现在情况却颠倒过来了，为了让孩子更在乎自己的爱，长辈们也出现了竞争的格局。大家都争着向孩子表达爱，唯恐被其他人压过。她和老公很想给孩子建立起规则，负起教育的责任，所以会控制

自己的"争宠"行为，但是老人们就容易失去控制。这样一来，孩子就会对爸爸妈妈有误解和怨言。比如孩子在7岁时想学电子琴，赵女士当时觉得，这么小的孩子可能是一时兴趣，还不一定非要学，所以犹豫是否要给孩子买琴。明明的爷爷奶奶听说孙子要学电子琴，就立刻买了一个电子琴送给孙子。外公外婆听说外孙要学电子琴，也买了一个琴送给明明。姑姑和姑父刚结婚还没有孩子，听说明明要学琴，也买了琴。最后，所有家人都觉得赵女士和老公对孩子最不好。明明竟然当着爷爷奶奶的面说："妈，你最坏，你最抠门，奶奶给我买琴，姑姑给我买琴，姥姥也给我买琴，就是你不给我买琴！"赵女士当时感觉很委屈、很愤怒，觉得这个家里完全就没有对孩子起到好的引导作用。孩子本来有他自己的想法，可是只要孩子一哼哼，家里所有人都立即有动作，她根本来不及反应。

赵女士很无奈地说："我在这个家里感觉很无力，孩子是我生的，但是我却没有教育她的权利，因为干扰因素太多了。公婆、父母到我家，说来就来，说走就走，连个招呼都不打。打个比方，我们的家庭就像一幢四室一厅的房子，每个房间都是连通的，而且室和室之间没有门，谁都可以到我的房间里来，我没有办法阻止。我感觉很难受，却无力改变。因为老公是公婆唯一的儿子，我是父母唯一留在身边的子女，不让他们来也是不可能的。但是，只要有老人在，我的教育就没有任何效果。每当我对明明的错误行为进行教育时，我妈总免不了在旁边插话：'孩子还小，不懂事，你小时候我都没这样对你！'婆婆更是明目张胆地为孙子撑腰：'明明乖，待会儿奶奶给你买好吃的，你想要啥就买啥，谁都不能难为我孙子！'爷爷奶奶还经常打电话问明明：'爸爸妈妈有没有难为你？有的话，跟我说，我会去给乖孙子出气的！'"

赵女士无比苦闷地说："我现在倒成了家里多余的人。我学的家教方法越多就越迷茫，因为回家根本就落实不了啊！唉，我和老公都没辙了。"

隔代教育误区塑造问题孩子

　　赵女士约我单独会谈，列举了明明因为长期和爷爷奶奶及外公外婆溺在一起所产生的不良影响，最明显的是非常任性。因为老人对他的需求都无条件满足，明明渐渐养成了任性、霸道的性格。上幼儿园时，经常抢夺小朋友的玩具，别人不给就打人。小朋友家长经常找赵女士告状，赵女士还没来及批评儿子，爷爷奶奶就拿着新买的玩具来安慰孙子了。爷爷奶奶的理由是，我们就这一个孙子，不能让他受委屈。明明有爷爷奶奶壮胆，在幼儿园更加放肆，不仅欺负小朋友，还学会拉帮结派，命令小朋友们都不要跟他不喜欢的孩子玩。被孤立的小朋友家长找老师，老师又找家长。赵女士觉得儿子做得太过分了，要让老公狠狠地教训儿子。结果公婆严厉对赵女士夫妇说："谁敢动我孙子一个手指头，明明这是有组织领导才能，你们当父母的不欣赏孩子的优点，反而要挫伤孩子的自信心，你们会教育孩子吗？"公婆说起来竟然也头头是道，让赵女士夫妇二人无语了。

　　赵女士发现，明明在上小学之后，人际关系越来越不和谐，不会与同学打交道。别人惹了他，他就打人家，打不过，就找爷爷奶奶寻求庇护。爷爷奶奶被孙子缠得没办法，就尽量不让明明和别的同学玩，而是让他在家里写作业、看电视或玩玩具。其实明明非常想和小朋友们一起玩，因为他看到小朋友们在小区里追逐嬉戏、捉迷藏，感觉挺有意思的。但是奶奶膝盖疼，怕跟不上到处疯跑的明明，万一磕着摔着，那可怎么得了啊，于是就找各种理由不让明明出家门。明明在家里待得很烦，干啥都没兴趣，变得爱发脾气、爱摔东西、孤僻，甚至对交际产生了恐惧。现在，明明万事不想动手，像提书包这样的事也不想做。碰到问题，稍不如意就哭闹撒娇，缺乏应变能力，不合群。

　　赵女士因为孩子的教育问题与公婆的矛盾不断升级。公婆的过度包办溺爱，让孩子失去了独立做事的能力。如赵女士想让明明改掉马虎的习

惯，就要求儿子把家庭作业记下来，回家做完后再仔细检查一遍。可是明明嫌麻烦，奶奶看在眼里，疼在心里，经常趁接孙子时替明明抄题目，并瞒着赵女士悄悄地帮孙子改正错题。明明省心了，可毛病没有改，数学考试成绩不及格，结果赵女士发火，奶奶垂泪，家里乱成了一团糟。

随着学习任务越来越重，明明也越来越成了个让老师提起来就头疼的学生。他上课根本就没有专注听讲的时候，不是睡觉，就是骚扰其他同学。课下，给同学起绰号，还故意找老师的麻烦，搞各种恶作剧让老师或同学出丑，同学们都对他避而远之。

赵女士通过不断的学习，知道问题出在隔代教育上，公婆干预太多，且方法不正确，但是她无力改变公婆的观念，所以她趁听课之际鼓足勇气向我求助。

拿回教育孩子的主动权

首先，我帮赵女士客观分析了隔代教育的利与弊。让她了解到，老人有充裕的时间和足够的耐心陪伴孩子，会帮年轻父母解决许多后顾之忧。尤其是赵女士和丈夫的工作都非常繁忙，有公婆和父母帮忙照顾明明的生活，可以帮他们节省不少时间和精力。同时，老人们有平和的心态，可以为孩子的教育提供轻松和谐的心理基础；老人有丰富的生活经验，也会给孩子更多的安全感。虽然明明出现了一些问题，但是也不能完全抹杀公婆的付出，更不能抱着敌对的态度与公婆沟通。这样，会让家庭矛盾激化，更不利于孩子成长。由于老人受历史条件和自身年龄特点的局限，不可避免地存在诸多不利因素，比如容易形成溺爱，造成孩子任性、依赖性强和生活自理能力低下；老人因过度疼爱孩子而"护短"，会使孩子的缺点长期不能得到矫正，还会造成孩子与父母的感情隔阂，形成情绪对立，使正常和必要的教育难以进行；老人思想观念陈旧，容易使孩子缺乏开创性精神和发散性思维的培养。

接下来，我重点帮赵女士分析了隔代溺爱的原因：老人特别怕孙辈出安全问题，因为他们经历了太多的生离死别，加上老人开始面对死亡问题，许多老人无法面对自己的死亡恐惧，就把这种恐惧投射到孙辈身上，特别担心孙子出问题，因此对孙子做出很多过度保护的行为。同时，老人怕失去价值感，因此争着向孙辈表达爱，以此赢得孙辈的亲密感。当然，这种"争宠"的目的是让孩子高兴，而不能让孩子成长。人常说，老变小。人老了，自己也会变成小孩。他们发现自己说了算的地方越来越少了，就容易变得和孩子一样固执和任性，总需要儿女们的安抚。同时他们又会觉得自爱有罪，无法坦然面对"内在小孩"的需要，就把它投射到孙辈身上，从而进行无限度的溺爱，一切以孩子的快乐为标准，从不指责孩子的过错。另外，老人还普遍存在着一种补偿心理。赵女士的公婆在教育儿子时非常苛刻，很少对儿子表达过亲密。这种内疚感让他们对孙子特别溺爱，其实内心深处是想借此补偿一下儿子，毕竟孙子是儿子生命的延续。

赵女士了解了隔代教育复杂的心理因素之后，也理解了公婆、父母的行为。她面临的课题就是如何争取教育孩子的主动权。我建议她和老公先沟通好，就教育孩子的一些关键性问题达成共识，给孩子建立起规则感。然后要召开一个家庭会议，让公婆、父母都参加，给四位老人讲明利害，让他们明白，教育孩子是父母的责任，不要让老人过多干预。

赵女士和老公做了充分的准备工作，家庭会召开得非常成功。当赵女士向老人表示理解、感谢的同时，也表达了正确引导和教育孩子的想法，四位老人一致表示支持赵女士夫妇教育孩子的方案。老人们都是想让明明有出息的，只是他们控制不住自己隔代亲的冲动。赵女士要求公婆和父母不许再替明明抄作业，要让明明学会独立完成作业，因为首要的问题是让明明把成绩提上去。原来明明习惯了别人替他解决问题，学习不主动，成

绩就很糟糕，老师和同学都不再关注他。这让他很失落，为了重新成为大家的关注中心，明明就会做出一系列的恶劣行为。如骚扰同学、给同学起绰号、恶作剧等，之所以不断制造麻烦，都是他"凡事占上风，太想成为关注点"的思想在作怪。只有让明明学会独立学习，在提升成绩中增强自信，才有可能解决他面临的一系列问题。

这是一个艰巨的过程。智慧的赵女士争得了公婆和父母的支持，明明没了爷爷奶奶和外公外婆当"护身符"，父母的教育立即见效。爸爸给他定规矩，妈妈负责监督实施。在他表现好时，爷爷奶奶适度地给他加油鼓劲，家庭的教育责任主次分明，分工有序，效果逐日显现。而且赵女士特别给明明讲一些尊老爱幼的故事，教育明明不能凡事都依靠爷爷奶奶，自己的事情要自己做。要学会感恩，不要随便对爷爷奶奶发脾气。经过一段时间后，明明对爷爷奶奶的态度发生了明显的变化，经常夸奖奶奶做的饭好吃，还陪爷爷奶奶一起散步。一家人其乐融融，赵女士也深感欣慰。

虽然明明的表现还有一些不尽如人意之处，但是赵女士和老公已经掌握了教育孩子的主动权，而且收获了教育孩子的初步成果。同时老人也充分地认识到，并不是所有的爱都是营养，营养过剩，也会造成伤害。因此，他们开始学会有克制地给予孙辈爱，并且和赵女士夫妇站到了统一战线上来。赵女士也走在自我学习提升的道路上，她很有信心用爱和正确的教育方式陪伴儿子健康成长。

咨询手记：做完这个咨询案例，我很想为赵女士点赞。当她在教育孩子感觉无助时，能够主动学习，寻求解决家庭教育的有效途径；她能够积极求助，不放弃解决问题的任何机会；她具有超强的行动力，能够把学习的理论方法运用到自己的家庭教育实践当中；她能够充分与家人沟通，调动全家人的能量，为改变儿子的思想和行动做各种尝试。她让我感受到了母爱力量的伟大，看到了为爱而改变的强大动力。

赵女士也曾经是个无助、无奈的妈妈，但是经过学习成长，她掌握了"明道优术"的教子方法，把自己修炼成了智慧型妈妈，从而才有能力陪伴儿子健康成长。

祝愿有更多人成长为智慧型家长，成为孩子人生路上的领航人和心灵陪伴者！

后记　感恩生命的馈赠

秋阳西照，金辉沐身。我坐在阳台的沙发上，静静地翻阅着杀青的书稿，如同检阅着我曾经和三十多位来访者共同经历过的流年时光。

这部《别让孩子困在青春期》是由28个案例组成的亲子关系心理咨询手记，反映了我业余生活的概貌，也是我近几年来心理咨询实践的缩影和结晶。这部书之所以能够得以出版，是生活馈赠给我的丰厚礼物。因为它并非刻意而为，而是所有机缘巧合的水到渠成。

我有两个业余生活圈子，一个是文学圈，一个是心理圈。

我浸泡在文学圈已有二十余载。从参加工作至今，我始终笔耕不辍，不为成名成家，仅仅是以文修身、以文会心。爱文学、爱写作，是我的一种生活状态。在文学圈，我有一批心灵相通的文友，我们在书香中温暖相守，感受"奇文共赏"的欣喜，品味烹煮文字的馨香。2012年，我在文友的鼓励和支持下，出版了散文集《莲落红尘》，用百篇心灵散文记载了我四十年的人生历程和文学足迹。

我进入心理圈有十年之久。在这个圈子里，我相遇了很多志同道合的朋友和改变我人生轨道的心灵导师。通过学习心理学，我不仅在心理学领域找到了人生目标和方向，而且心灵得到了成长、人格得到了完善、思想得到了沉淀。当我自然而然地把这些心理学实践和思想感悟付诸文字之后，便逐渐成为几家杂志社的签约作者，更体验到了文学和心理学带给我的价值感和成就感。

文学和心理学对于我而言，犹如我的左手和右手，吾不忍放弃其一。如果我不是把文学圈和心理圈相互融合，就不会有《别让孩子困在青春期：亲子关系心理咨询实录》这本书的出版。

我衷心感谢《妇女生活》杂志社的编辑潘金瑞女士，这部书里的所有文章都经由她编辑后发表在《现代家长》杂志上。她是我写作道路上最有力的引导者和支持者，没有她每月不离不弃的约稿，我就不可能写出这些文章。

我非常感谢《婚姻与家庭》的编辑曹磊先生，八年前我就开始给他投稿，后来成为签约作者。因为我平时工作繁忙、写稿较少，但是他一直鼓励我，让我始终未敢懈怠。

2017年初春，我参加了由曹磊先生组建的"写手圈"作者群。在这里，我遇到了知心文友方向苹女士。她已经出版了多本书，具有丰富的写书经验。在我们两人素昧平生之际，她坦诚地向我传授了出书要旨和经验。之后，她又在百忙之中替我审阅十万余字的稿件，帮我列出书目，并替我联系出版社。她的真诚、善良和热情让我深受感动，也让我深感文友之间友谊的纯粹无染。

我深深地感恩郑州大学的葛操教授。他是我的恩师，亲自传授给我一系列心理咨询技术，引领我一步步地走上心理学的实践道路。他以严谨的治学精神和精益求精的工作作风，亲自为本书的案例进行督导把关，并且以饱含真情的笔墨，怀着普及心理学的师道仁心，为本书作序，希望本书能够让更多人受益。

我还特别感恩所有的来访者。他们用自己的生命故事警示别人，他们都是有内在力量的生命种子，他们为爱改变的力量让我感受到每个人都蕴含着巨大的生命力。

基于心理咨询师的伦理，所有案例都经由来访者的同意，并进行了基本信息的处理，文章中所有的人名皆为化名。文章旨在表达一种普遍性的心理状态及解决途径，是为了让更多人以此借鉴，而并非案例本身的真实描述。

本书的出版，也融入了编辑江飞女士的心血和汗水。从初审书稿至今，她始终以温婉的语气、真诚的态度与我多次沟通，并做了大量深入细致的编辑工作，使本书能够得以顺利出版。

在本书即将付梓之际，回顾我生命中结缘的每一个人，我都深怀感恩。我珍惜这份生命的相遇，感恩他们给予我的积极引导、无私帮助、热情鼓励和大力支持。

我如获至宝地收藏这份生命的馈赠，把这份真诚关爱珍藏心间，并以此滋养我的心灵。在今后的人生岁月里，我将继续携手文友和心理圈的伙伴们，一路感悟，一路收获。

青莲写于静心斋

2018年10月